日米安保と沖縄基地論争

〈犠牲のシステム〉を問う

高橋哲哉

朝日新聞出版

はじめに

「沖縄研究」の専門家でもない私が、沖縄の米軍基地問題に関する小著（『沖縄の米軍基地 「県外移設」を考える』集英社新書、以下『沖縄の米軍基地』と略記）を上梓したのは、二〇一五年の夏だった。私はそこで、沖縄にある米軍基地は日米安保体制への賛否にかかわらず、まずは「本土」に「引き取る」べきものだという論点、基地引き取り論と呼ばれる考え方を提示した。沖縄への米軍基地集中が沖縄に対する構造的差別の結果である以上、久しく沖縄から「本土」に向けられてきた「県外移設」論の要求は正当であり、その要求に「本土」日本人の責任として応えるべきだと考えるに至ったからである。

拙著は大きな反響を巻き起こしたとは言えないが、「本土」と沖縄の双方で賛否両論を惹き起こした。私はそれらのうちの「否」の論、すなわち拙論に対する否定的な論への応答を新聞、雑誌等に発表してきたが、それらの少なからぬ部分は、沖縄で発行され「本土」の読者に知られにくい媒体に掲載されたものだった。

本書は、「本土」ではアクセスしにくいそうした論考を収めるとともに、新たな書き下ろしを加え、基地引き取り論をめぐって生じた思想的論争における私の立場を明らかにしたものである。基地引き取り論は、構造的沖縄差別への批判、植民地主義からの脱却という思想的課題を追求するとともに、沖縄からの基地撤去に向けて政治的に一歩でも前進することをめざしている。拙論への疑問、異論に対する私の応答を通して、基地引き取り論の思想的・政治的射程について理解がいっそう深まることを願っている。

以下、各章の成り立ちについて説明しておこう。

第一章は、基地引き取り論へのイントロダクションである。拙著『沖縄の米軍基地』出版後の状況を踏まえ、拙著を読まれていない方を想定し、「なぜ引き取りなのか」を簡単に説明している。初出は月刊誌『Journalism』(二〇一九年六月号)。

第二章は、沖縄の映像批評家、仲里効(なかざといさお)氏との琉球新報紙上における論争を受けて書かれた。拙著の出版を契機として沖縄二紙に掲載された論考のリストと、そこに私が寄稿した論考は巻末に「資料」として収めたが、仲里氏との論争の経緯は以下の通りである。

二〇一五年六月の拙著出版を契機として、琉球新報は「『県外移設』という問い」と題して五回の連載記事を掲載した。四人の論者による寄稿のあと、最終回は担当編集者の米倉外昭氏による「県内識者に聞く」と題した総括で、そこに仲里氏のコメントが含まれていた。

全文は当該記事に当たっていただくほかないが、ポイントはおおよそ次のようなものであった。すなわち、県外移設の「論理自体の正しさは分かる」し、「日本の戦後社会の無意識の構造的差別を前景化していくという役割は評価する」けれど、沖縄の「暴力にさらされてきた歴史体験」からすると、「基地を持ち帰れとか引き受けるというロジックが、運動や思想として語られることに違和感がある」と。

　私は「『県外移設』という問い」全五回の連載への応答を寄稿し、そのなかで仲里氏のコメントにもごく簡単に触れた（「今こそ『県外移設』を　新基地阻止への道筋として」下）。すると仲里氏は、「あらためて県外移設とそれを支持する論陣を張る高橋氏の見解を沖縄の戦後思想史の論脈から問い返していく必要性に迫られた」として、拙論への批判的論考を寄稿した（「沖縄戦後思想史から問う『県外移設』論」㊤・㊥・㊦）。ここでの仲里氏の県外移設論批判に対しては、沖縄在住の論者がすばやく県外移設支持の立場から反論を寄せた。沖縄近現代史家の伊佐眞一氏とむぬかちゃー（作家）の知念ウシ氏である。仲里氏はこのうち知念氏にのみ反論し、それに対して知念氏が再反論した。

　他方、私もまた仲里氏からの批判に対して反論を寄せ（「基地『引き取り』論の射程　仲里効氏に答える」上・中・下）、それに対して仲里氏がまた反論し（「沖縄戦後思想と実践の射程　高橋哲哉氏に答える」上・中・下）、ここで琉球新報紙上でのやり取りは終わった。そして、紙幅の制約で十分展開しきれなかった憾みのある新聞から雑誌に場を移して、県外移設論に関する私の理解をもっと立ち入って論じたのが、本章の元になった

「『日本人よ』と問うのは誰か　基地『引き取り』論の射程」である。これは初め、沖縄の雑誌『N27　「時の眼――沖縄」批評誌』第八号(二〇一七年六月)に掲載された。

第三章は、沖縄近現代文学・日本近現代文学やポストコロニアル批評を専攻する新城郁夫氏(琉球大学)の議論を取り上げる。新城氏は県外移設論に対する激しい批判者であり、私は『沖縄の米軍基地』の第四章で氏の議論の批判的検討を行なった。しかし氏は新たな論考「日本占領再編ツールとしての沖縄返還」においても、「犠牲のシステム」論や基地引き取り論への否定的言及を行なうのみならず、沖縄と日本の関係をどう捉えるかについて基地引き取り論との違いを際立たせようとしているように思われた。そこで、新城氏のこの論考に対して私のスタンスを明示しようと試みたのがこの章である。初出は沖縄の雑誌『うるまネシア』第二一号(二〇一六年七月)であった。

第四章は、沖縄研究でも知られる思想史家、鹿野政直氏と新城郁夫氏との共著『対談　沖縄を生きるということ』における両氏の基地引き取り論批判に対する反論である。同書で鹿野氏は「本土人としての責任」を語り、県外移設要求に向き合う難しさを語るが、新城氏の基地引き取り論批判を受けて自らも引き取り拒否を言明し、日米地位協定改定を「対案」とすることで一致する。ウェブサイト『論座』に掲載した両氏への反論二篇(二〇一九年九月一一日、一〇月一〇日)を統合して本章とした。

第五章、第六章、第七章は、すべて本書のための書き下ろしである。

第五章では、県外移設・基地引き取り論に直接かかわるものではないが、新城郁夫氏の議論のベースにあると思われる「脱国家」論の検証を試みた。法や権力や国家を全否定しながら沖縄の政治的主体化を図ることは可能なのか。この問いを掘り下げることによって私自身の思想的スタンスをより明確に定位することができたと思う。

第六章では、廣瀬純氏（龍谷大学）と佐藤嘉幸氏（筑波大学）が『三つの革命　ドゥルーズ＝ガタリの政治哲学』で展開した拙論への批判に対して詳細な反論を行なった。「琉球独立闘争」と基地引き取り論とを対立させ、後者を否定するために、廣瀬・佐藤両氏がどれだけの無理を重ねているかを確認したい。琉球独立論と基地引き取り論が対立するものでないことは第二章でも論じている。

第七章は、社会思想史専攻の大畑凛氏の論考「抵抗運動と当事者性」における県外移設・基地引き取り論批判への応答である。大畑氏は、「運動」の「現場」では「沖縄と日本との作られた対抗関係」は絶えず乗り越えられているという認識から、拙論を沖縄人と日本人の「固定的な二項対立」に基づくとして批判する。県外移設・基地引き取り論への批判に典型的かつ根強く見られる議論である。こうした議論への反論を通して、植民地支配責任におけるアイデンティティやポジショナリティ（政治的権力的位置）について私の基本的認識を提示した。

最後に資料として、二〇一五年から翌翌年にかけて琉球新報および沖縄タイムスの紙面で展開された論争を構成する諸論考のリストと、私がそこに寄稿した拙文を収めた。これらが本書第二章につながったことはすでに述べたとおりである。

※初出のあるものは本書に収めるにあたって若干の字句の変更を行なっているが、内容上の修正はまったくない。
※「」をつけた引用中に「」がある場合、引用中の「」は『』として区別した。
※引用文中の太字強調は、とくに断りのない限り、すべて引用者によるものである。他方、引用文中の傍点による強調は、すべて原著者のものである。
※外国語文献からの引用については、邦訳のある場合はそれを使わせていただいたが、表現上の変更を加えた箇所もある。
※「首相」「知事」等の役職名は、とくに断りのない限り、在任当時のものを示す。
※「本土」という言葉は、沖縄を日本の付属物と見なす植民地主義的思考に基づいた言葉であり、適切ではない。ただ、本書では、日本国内の沖縄以外の地域を総称する他の適切な日本語がないため、やむをえず、原則として括弧をつけて「本土」として使用する。「本土」を「日本」とすると、「日本国」の意味での「日本」と紛らわしいため、そうしない。

目次

第二章

「日本人よ」と問うのは誰か
基地引き取り論の射程

第三章

沖縄再併合としての沖縄返還

第四章

基地をなくすことと基地を引き取ること

鹿野政直・新城郁夫『対談　沖縄を生きるということ』に寄せて

第五章
「琉球共和社会」と脱国家の論理について

第六章
県外移設要求は「野垂れ死にしつつある動物の呻き」ではない

佐藤嘉幸＝廣瀬純氏の批判に応えて

第七章

「沖縄人」と「日本人」あるいは〈境界を超える〉ということ

大畑凜氏への応答

第一章

基地引き取りの思想と政治

一　沖縄の基地を引き取ろうという市民

沖縄の米軍基地を「本土」に引き取ろうという市民運動がある。二〇一五年三月、大阪で「沖縄差別を解消するために沖縄の米軍基地を大阪に引き取る行動」が発足してから約四年のうちに、福岡、長崎、新潟、東京、山形、兵庫、滋賀、埼玉、北海道の各地でグループが旗揚げし、つながりあって「辺野古を止める！　全国基地引き取り緊急連絡会」も結成されている。

私が基地引き取りの意味を論じた小著を準備していた頃、研究会などでそのことを話しても、「そんなの運動になりませんよ。担い手になる人がいませんから」と冷淡な反応が返ってくるのが普通だった。それも無理はない。沖縄の基地問題と言えば、「本土」市民の無関心が最大の壁だ。運動としての取り組みは、戦後の反戦平和運動を担ってきた左派系の組織や運動体にほぼ限られる。ところが、これらの組織や運動体は「沖縄にいらない基地は日本のどこにもいらない」が大前提だから、基地引き取りなど容易には受け入れない。そう考えると、引き取り運動などありえないと思う人がいても不思議はなかった。

しかし、実際は違った。担い手は生まれたのであり、しかも次々に生まれたのである。

それぞれのグループはたしかに小さい。資金や専従職員や一定の動員力をもつ組織や団体でなければ有効な社会運動は成り立たない、と考える人たちから見れば、たしかに心もとないかもしれない。だが、さまざまな仕事、さまざまな生活現場をもつ市民一人ひとりが、時間を見つけてボランティアでつどい、互いの知恵を出し合って手作りで進めるのが市民運動だとすれば、現在の引き取り運動にはその原型を見る思いがする〔1〕。「そんなの運動になりませんよ。担い手になる人がいませんから」という常識は、現実によってくつがえされた。無関心が支配的な「本土」の市民社会に、以前ならばありえないと思われていたことが起きたのである。

玉城デニー沖縄県知事も、引き取り運動に言及している。稲嶺進・前名護市長は、引き取り運動の集会で講演し、運動への期待を表明している。「本土」の引き取り運動はもともと沖縄からの基地「県外移設」要求に応答しようと始まったのであり、困難な状況のなかで力不足ではあるが、その責任はきわめて重い。とりわけ重要なのは、この運動が、辺野古新基地問題をはじめとする沖縄の基地問題を狭義の安全保障政策の問題としてだけでなく、沖縄に対する日本の植民地主義を終わらせるという歴史的・思想的な課題のなかで

〔1〕沖縄の米軍基地を「本土」で引き取る！編集委員会編『沖縄の米軍基地を「本土」で引き取る！市民からの提案』コモンズ、二〇一九年、などを参照。

捉えていることである。問われているのは、沖縄に対する日本人の向き合い方という根本問題なのだ。引き取り運動は、「本土」の市民社会がこの課題をどこまで共有できるかの試金石になるだろう。

二　沖縄からの「県外移設」要求

基地引き取り運動は沖縄からの県外移設要求に応答しようと始まった、と述べた。「県外移設」と言えば、民主党への政権交代直後、普天間基地の県外移設を追求して挫折した鳩山由紀夫首相のことを思い浮かべる人が多いだろう。自民党支持層であれば、「悪夢のような」（安倍晋三首相）民主党政権期でも最悪の失敗だったと言うかもしれない。当時、「寝た子を起こした鳩山が悪い」などという、沖縄に対する上から目線そのもののつぶやきが盛んに交わされていた。しかし、県外移設は鳩山首相が思いつきで唱えたものでもなければ、普天間基地についてだけ問題になるものでもない。それは、沖縄社会のなかで以前からはっきりと意識化されていた基本的要求であり、鳩山首相はそれを辺野古問題の打開策としてとりあげたにすぎない。

沖縄からの県外移設要求は、さしあたり大田昌秀知事の「応分の負担」発言にさかのぼることができるだろう。一九九五年の米兵による少女暴行事件の後、米軍基地返還を求める圧倒的な民意を背負い、当時の大田知事は、「安保条約が必要だというなら、本土も応分の基地負担をすべきだ」と繰り返し発言した。「応分の負担」とは間接的な表現で、基地の「本土」移設を意味することはいうまでもない。面積は全国の〇・六%、人口は一%にすぎない沖縄県に全国の米軍専用施設の七〇%以上が集中している〔2〕。「本土」が「応分の負担」をするなら、九九%が「本土」にあってしかるべきだとなるだろう。四七都道府県で「応分の負担」をするなら、「本土」は四七分の四六を負担すべきだとなるだろう。

「本土」と沖縄の米軍基地の割合は、朝鮮戦争休戦後の一九五五年には「本土」が八九%、沖縄が一一%であった。その後、「本土」の反基地闘争激化も一因となり、「本土」にいた海兵隊が沖縄に移駐する一方、「本土」の基地は整理縮小が進んで、一九七二年の沖縄返還時には沖縄が五九%、「本土」が四一%と逆転。復帰後はむしろ沖縄の負担率が高まり、七〇年代のうちに七割を越え、現在に至る〔3〕。戦後の流れとして、「本土」では基地が

〔2〕防衛省「在日米軍施設・区域(専用施設)都道府県別面積」によれば、二〇二一年一月一日現在、沖縄県は七〇・二六%。

〔3〕「米軍施設 なぜ沖縄集中」沖縄タイムス、二〇一六年六月一八日、など。

減り、日常的に米軍の存在を意識せずに済む地域が大部分を占めるようになると同時に、沖縄への基地の隔離・固定化が進んだといえる。

注目されるのは、日米安保体制の支持率の推移である。一九八〇年代にはおおよそ六割台だったと見られる支持率は、九〇年代後半には七割を超え、二〇一〇年代には八割に達するようになる〔4〕。二〇一五年に共同通信が実施した「戦後70年全国世論調査」では、日米同盟について「今よりも同盟関係を強化すべきだ」が二〇％、「今の同盟関係のままでよい」が六六％で、合わせると八六％が支持しており、「同盟関係を解消すべきだ」はわずか二％であった〔5〕。沖縄県は人口・有権者数とも全国の一％であるから、沖縄の有権者の安保に対する賛否は、全国の支持率にはほとんど影響を与えない。言いかえれば、全国の安保支持率八割はそのほとんどを「本土」の支持と見なすことができる、ということである。

以上のような基地負担率と安保体制支持率とを比べてみれば、ここに根本的な矛盾が横たわっていることが分かるだろう。要するに、有権者数一億人の八割もが安保体制を支持している、すなわち在日米軍基地を必要と感じている「本土」にではなく、人口・面積ともその百分の一しかない小さな沖縄に、全体の四分の三もの米軍基地が置かれているという矛盾である。安保体制の支持者の九九％は「本土」にいる。だが米軍基地の七〇％以上が沖縄にある。大田知事の「応分の負担」論は、この矛盾を突いた。安保体制は「本土」

の政治的選択によって成り立っているのに、「本土」の人びとはその選択に伴う当然の負担を引き受けず、それを沖縄の人びとに押しつけ、肩代わりさせてきた。だが、**安保条約が必要だというなら**、本土も応分の基地負担をすべきではないのか、と。

一九九八年二月、沖縄県知事として名護市沖海上へリポート建設案を正式に拒否した際、大田氏は記者会見で述べている。

——今後の基地問題解決への対応は。

「安保条約が重要ならば全国民で負担すべきだ。沖縄県民は過去五十年間基地に苦しめられ、十分国に奉仕したのに政府の施策は十分ではなかった。基地が過重の負担になり自立経済を発展させる素地も失っている。主権国家としてこんなことが許されるのかということを、われわれは『不公平だ』と率直に訴えていく」

——本土移転を積極的に検討しろということか。

「沖縄の気持ちとしては、自らの苦しみをよその場所に移したくないが、弱い立場の沖縄に過重に負担させておくのはいかがなものか。沖縄も自ら生きることを目的にし

〔4〕高橋哲哉『沖縄の米軍基地　「県外移設」を考える』集英社新書、二〇一五年、八〇頁以下。
〔5〕琉球新報、二〇一五年七月二二日。

ており、よその人の手段になるのは人間的ではない。そこを理解していただきたい」
〔6〕

この発言には、その後の沖縄の県外移設論の主要な論点が見出せる。沖縄は沖縄戦で未曽有の犠牲を払ったうえに、戦後も基地の過重負担に苦しんできた。基地負担は沖縄経済の発展を阻害するマイナス要因でもある。現状は「不公平」であり、「安保条約が重要ならば全国民で負担すべき」で、「本土移転」も検討されてしかるべきだ――。次の稲嶺恵一知事は、二〇〇四年の米軍ヘリ墜落事故後、小泉純一郎首相が沖縄の負担軽減のためとして米軍の「本土」移転を提案した際、これを歓迎し、成果を出すよう政府に要請している。仲井眞弘多知事も、二期目には普天間基地の県外移設を公約とした。公約を撤回して辺野古埋め立てを承認した仲井眞氏を県知事選で破った翁長雄志知事は、「県政の基本方針」として一貫して普天間基地の県外移設を掲げた。その翁長氏の後継者である玉城知事も、負担を沖縄に押しつけることの不条理を指摘し、「安全保障は全国で負担すべきもの」と主張している。この流れを知れば、辺野古基地阻止行動のリーダーである山城博治氏がこう書いていることも頷けよう。「かつて大田昌秀元県知事が『安保が大事というならその負担も公平であってほしい』旨の発言を行なった。**以後、沖縄はそのことを一貫して訴えている。**今日、普天間基地の『県外移設』という要求に反映されている思想だ」

〔7〕。

三 「基地を持ち帰れ」という声

県外移設要求は、大田知事以来、歴代の沖縄県知事の姿勢や発言に反映されてきた。とはいえ、県知事の姿勢や発言は行政の長としての制約を受けるだけでなく、その時々の政治状況や知事個人の価値観にも影響を受ける。大田知事は、事実上は県外移設要求を意味する「応分の負担」論を展開しながら、右の引用に見られるように、「自らの苦しみをよその場所に移したくない」という「沖縄の気持ち」もあるとして、県外移設を具体的な政治要求にすることを自制する傾向があった。政治家たちによくみられるこうした自制傾向を打ち破り、県外移設をストレートに要求する声を高めたのは、市民や研究者のほうだった。

〔6〕東京新聞、一九九八年二月七日朝刊。
〔7〕山城博治「沖縄・再び戦場の島にさせないために」川満信一・仲里効編『琉球共和社会憲法の潜勢力――群島・アジア・越境の思想』未來社、二〇一四年、二〇一頁。

県外移設論の代表的論者のひとり、知念ウシ氏は、一九九八年の「女たちの大行動」が突破口を拓いたのではないかと言う[8]。同年五月、普天間基地のある宜野湾市と移設先とされた名護市周辺の一二四人の女性たちが東京へ赴き、安保が必要だという「本土」の人たちに基地の「買い取り」を訴えた。彼女たちの訴えはこんなふうだ。

沖縄ではどこを見ても基地。基地に囲まれて五〇年余の暮らし。また、先の大戦では親を失い、子を失い、夫を失って言うに言われぬ苦しみを耐え忍んできました。もうこれ以上、がまんできません！　この際、はっきりと沖縄は『基地はいらん！』と、押し返してきたいと思います。／橋本首相や大臣の方々は沖縄の心が本当にお分かりならば沖縄の基地は県内移設ではなく本土へ持っていってください。／ヤマトの皆さんも安保が必要と思うなら沖縄に基地を押し付けないで、みんなで平等に分担するという心を沖縄の人に示してください[9]。

沖縄の「草の根」の女性たちから明確に県外移設の要求が打ち出されている。ここでは以下の二点に注意したい。

第一に、要求の宛て先が日本政府（「橋本首相や大臣の方々」）にとどまらず、「ヤマトの皆さん」つまり日本人有権者全般であることが明示されている点。政治家であるか否かを問わず沖縄の人が県外移設を語るとき、日本政府への批判として言われることが多く、直接に「本土」の有権者の責任を問うことには躊躇があるように見える。だがここでは、「ヤマトの皆さん」がはっきりと基地押しつけの責任者として名指しされている。

第二に、「沖縄の心」は大田知事の「沖縄の気持ち」とは異なり、「みんなで平等に分担するという心」の意味で理解され、県外移設要求を自制するどころか、その根拠として使われている点。本当は県外移設を言いたいが、「自らの苦しみをよその場所に移したくない」という沖縄伝統の「心」があるから言えないという曖昧さを突き抜けた、毅然とした要求を突きつけている。

こうした状況のなかで、沖縄出身の社会学者、野村浩也氏が二〇〇五年に公刊した『無意識の植民地主義　日本人の米軍基地と沖縄人』(御茶の水書房)は、画期的な書物となった〔10〕。野村氏はこの書で、「日本人」が「沖縄人」に対して行使している「基地の押しつけという植民地主義」の在りようを詳細に記述・分析し、日本人が沖縄人に対する「植民者」権力であるゆえんを明らかにした。そして、日本人が基地の押しつけによって沖縄

〔8〕知念ウシ「沖縄からの報告52『女たちの大行動』を十六年後に考える」『未来』二〇一四年六月号。
〔9〕心に届け女たちの声ネットワーク編『もうガマンしない！　女たちはすべての基地を拒否する!!　東京大行動記録集一九九八年五月八〜一〇日』一九九八年資料添付の小冊子。

人を「差別」し「搾取」するという植民地支配の関係を解消するために、植民者である日本人が基地を日本(「本土」)に引き取らなければならないとして、県外移設要求に初めて思想的表現を与えた。その議論のなかで野村氏は、植民地主義への沖縄人の「共犯化」をも問題化し、『沖縄の痛みをよそ(日本)に移すのは心苦しい』という『思想』」をも「共犯化」の一例として批判している。

「沖縄の痛みをよそ(日本)に移すのは心苦しい」と沖縄人が言えば、その結果は、日本人を安堵させるが、自分の子や孫(次世代の沖縄人)に痛みを押しつける結果になってしまう。なぜ、「よそ(日本)に移すのは心苦しい」とは言うのに、「次世代の沖縄人に痛みを移すのは心苦しい」とは言わないのか。基地を押しつけている日本人の責任を免除し、次世代の沖縄人に痛みを押しつけるのは、沖縄人としてもっとも無責任なことではないか。このようなことを「沖縄の心」として語ることによって、沖縄人は、日本人の身代わりに痛みを押しつけられ続けてきたのではないか。そして日本人は、このような言葉を「沖縄の優しさ」などとして抜け目なく利用し、それに甘えて、自らの責任から逃避してきたのではなかったか。

こうして県外移設論は、沖縄の従来の常識にも挑戦することで少なからぬ抵抗を受けながらも、沖縄の市民社会に次第に浸透し、定着していった。鳩山首相が普天間基地返還を重要課題とし、「最低でも県外」を標榜したのは、以上のような沖縄からの声があったたからであって、その逆ではない。また、鳩山首相がその政治力の不足により、とりわけ日本の外務・防衛官僚の裏切りによって挫折し、辺野古に回帰した際に噴出した沖縄の人びとの怒りは、県外移設への期待の強さを示したのであって、それ以外ではない。「本土」と異なり沖縄では、今なお鳩山首相の努力を一定程度評価する声が根強くあるのも、こうした背景があるからである。

鳩山首相が県外移設を追求したことについて、後の翁長知事は那覇市長時代に受けたインタビューでこう言っている。

「僕らはね、もう折れてしまったんです。何だ、本土の人はみんな一緒じゃないの、と。沖縄の声と合わせるように、鳩山さんが『県外』と言っても一顧だにしない。沖縄で自民党とか民主党とか言っている場合じゃないなという区切りが、鳩山内閣でつきました」

［中略］

「振興策を利益誘導だというなら、お互い覚悟を決めましょうよ。沖縄に経済援助なんかいらない。税制の優遇措置もなくしてください。そのかわり、基地は返してくだ

〔10〕野村浩也『増補改訂版 無意識の植民地主義 日本人の米軍基地と沖縄人』松籟社、二〇一九年。

さい。国土の面積0・6％の沖縄で在日米軍基地の74％を引き受ける必要は、さらさらない。いったい沖縄が日本に甘えているんですか。それとも日本が沖縄に甘えているんですか」〔11〕

「鳩山さん」がせっかく「沖縄の声」に呼応して「県外」と言ったのに、「本土の人」はこれを「一顧だにしない」で潰してしまった。沖縄の要求の前に分厚い壁となって立ちはだかっているのは、自民党とか民主党とかに関係なく、「みんな一緒」の「本土の人」であることが分かってしまった。それなら、お互い「覚悟」を決めよう。小さな沖縄に七割以上の基地を負担させて楽をするなどという「日本」の「甘え」はもう許さない。「経済援助」も「税制の優遇措置」もいらないから、基地を引き取って土地を返してほしい。沖縄保守の重鎮であった翁長氏は、この二年後に沖縄県知事となり、鳩山首相が追求した県外移設を「みんな一緒」に潰した「本土の人」への批判を胸に、安倍政権に正面から対峙することになる。

四　安保、犠牲、主権

大田知事以来の沖縄の県外移設要求に対して、イエスと応答する「本土」の声はなかなか聞かれなかった。鳩山首相の登場前にそれを支える「引き取り」の世論が形成されていたら、成り行きは違ったかもしれない。記憶されるべきは、大田知事の「応分の負担」論が登場してすぐの一九九五年一一月、政治学者の雨宮昭一氏が、当時の茨城大学教職員組合執行委員長として「沖縄県民の皆さんと沖縄県知事大田昌秀さんへのメッセージ」を発し、「過渡的には、沖縄のみへの基地の集中を放置するのではなく、日本全都道府県に均等に米軍基地がおかれることもありうべきと考えています」と述べていたことである〔12〕。このような例外を除けば、「本土」の市民や研究者から基地引き取りの声が上がるまで、その後二〇年近くを待たなければならなかった。

筆者は沖縄からの県外移設要求は正当だと判断する。したがって、沖縄の米軍基地は

〔11〕「乱流　総選挙・沖縄の保守が突きつける」朝日新聞、二〇一二年一一月二四日朝刊。

〔12〕雨宮昭一『戦後の越え方　歴史・地域・政治・思考』日本経済評論社、二〇一三年、一〇六、一一〇頁。

「本土」に引き取るのが日本人としての責任だと考える。引き取る側の論理とありうべき疑問に対する応答は、小著『沖縄の米軍基地　「県外移設」を考える』(二〇一五年)への反響も踏まえて本書で詳述していくが、まずは三点に絞って私見を述べておきたい。

第一に、日米安保体制との関係について。基地引き取り論には、あくまで「安保を維持するなら」という前提がある。安保解消は日本側からの申し出だけでも可能であり(日米安保条約第一〇条[13])、安保が解消されれば、当然、沖縄からも日本からも米軍基地は撤去される。在日米軍基地は、朝鮮戦争からイラク戦争までアジア・中東への米軍の出撃基地でありつづけ、日本はそれにより米国の戦争に加担し、米国の「敵」から攻撃される恐れにもさらされてきた。また、安保体制は日本国領域内で米軍に治外法権的な地位を認め、日本国憲法にも優越する「国体」として君臨し、日本の米国への「自発的隷従」状態をつくりだしてきた。こうした安保体制は解消されるべきものと私自身は考えている。

しかしながら、前述したように、世論の安保支持は圧倒的である。政府、国会、主要メディアの日米同盟大前提の壁は厚く、安保解消をめざす政権ができる見通しは立たない。いわゆる「六〇年安保闘争」このかた、支持率は低下する一方だった「安保廃棄」を理由として、沖縄の人びとに我慢を強いることはもう許されないと私は考える。鳩山首相や小泉首相が一度は提唱した「本土」移転のほうが実現可能性が大きいことは、普通に考えて明らかだろう。

基地引き取りの提起は、安保解消をめざす少数派にとっても、むしろプラスになりうる。沖縄への基地の隔離・固定化が進み、「本土」では安保問題が他人事になってしまったことが、安保体制を安んじて支持できる状況をつくりだし、安保支持率を高めてきた。漠然と現状維持の意識から安保支持に傾いている「普通の」市民にとって、沖縄の基地を自分の地元に引き取る可能性を考えることは、安保問題の当事者意識を回復することにつながる。安保解消の選択肢を含め、安保体制の根本的見直しの議論を提起する大きなチャンスが生まれるだろう。

第二に、「本土」に基地を引き取っても、移設先の地域が新たに犠牲になるだけではないか、という異論について。たしかに、基地引き取りで「本土」の特定の地域に過重な負担が集中することは避けなければならない。だが、長きにわたり七〇％もの負担を強いられてきた沖縄の人びとに対して、一県でわずか数％の負担であっても拒否するという結論をあらかじめ出してしまうことが許されるだろうか。どんな特権によって許されるのだろうか。引き取りの結果「本土」に生じる負担は、沖縄の代わりに「本土」に強いられる

---

〔13〕日米安全保障条約第一〇条「〔前略〕もっとも、この条約が十年間効力を存続した後は、いずれの締約国も、他方の締約国に対しこの条約を終了させる意思を通告することができ、その場合には、この条約は、そのような通告が行なわれた後一年で終了する」。

「犠牲」とは言えない。「本土」が政治的に選択した体制下で、その選択に伴う不可避の負担であり、それをどう処理するかは「本土」の責任で決すべきことである。その決定がどれほど難しくても、それを理由に引き取りを拒否することはできないはずだ。

「本土」のなかで特定の地域に基地負担が集中することを懸念する議論は、真摯に追求すれば、「本土」ですでに基地が存在する地域の負担をどうするか、という議論につながっていく。三沢基地のある青森、横田基地のある東京、横須賀基地や厚木基地のある神奈川、岩国基地のある山口など、米軍基地が固定化されてきた地域の負担は、「本土」内での県外移設によって軽減、解消されるべきではないか。「安全保障の負担は特定の地域に押しつけられるべきでなく全国で担うべきだ」が原則であるなら、「本土」内でも平等負担に近づけるのが望ましいのは言うまでもない。だがそれも、けた外れに大きな負担を差別的に押しつけられてきた沖縄から負担を引き取るという前提があってのことである。「本土」に引き取ったときの諸問題をどうするかについての議論は、あくまで「本土」に引き取るという大前提を共有したうえでなされるべきで、その諸問題に対する懸念を理由に引き取りを拒否することは本末転倒だと考える。

第三に、米国との関係について。沖縄への基地集中の責任を問われるべきは日本ではなく米国ではないか、と思っている人は少なくないだろう。もとより、責任が米国にもあることは言うまでもない。だが、戦後処理の際に米軍の沖縄占領の継続を法的に承認し、沖縄返還交渉で「復帰」後も米軍が沖縄に駐留することを認めたのは日本政府であり、何よりも今日、在沖米軍基地の法的根拠である日米安保条約の一方の当事者は日本政府である。日本政府とそれを支える主権者国民――その九九％は「本土」の国民である――の責任が問われるのは当然である。

日米安保体制の実態について一定の知識がある人ならば、安保体制下で基地をどこに置くかを決めるのは米国であり、主権を制限されている日本政府は何もできないのだから、基地を引き取るなど不可能だ、と言うかもしれない。しかし、日本政府はどうすることもできないというのは事実に反する。たとえば二〇一二年、民主党野田佳彦政権下で、米国が在沖海兵隊約一五〇〇人を岩国基地に移駐させることを打診してきた際、山口県や岩国市の「断固反対」を理由に日本政府はこれを断った。日本政府は何もできないどころか、海兵隊の「本土」から沖縄への移駐は容認し、沖縄からの撤退案が米国から出てくればこれを引き留め、県外移設案が出てくればこれを斥けてきたという経緯がある。

そもそも、「主権」は政治と離れてどこかにあるものではない。法をつくるのも、変えるのも、廃止するのも、政治の力である。密約を含む安保体制の法体系で日本の主権がないに等しいとしても、「主権がない」と言えるのはそれを日本が容認している限りでのことにすぎず、それを変えようとする政治が動き始めるやいなや、「主権がない」は流動化する。既成の法体系を容認し続けるか変えようとするかは日本政府の意志にかかっており、根本的には主権者国民（ピープル）の政治的意志にかかっている。まして、日本は沖縄の基地をどうすることもできないなどというのは、自ら米国に隷従し、この国の主権者たることを放棄する政治的ニヒリズムにほかならない。

普天間基地の返還が決まったのは、沖縄の人びととその意思を背負った大田知事が政治の力を発揮したからである。鳩山首相の「最低でも県外」は、外務・防衛両省と国会と主権者国民が強力に支えていたら、米国をも動かす政治の力になっていたかもしれない。沖縄への基地の押しつけをやめられるかどうかは、「本土」有権者の政治的意志にかかっていると私は思う。

第二章

「日本人よ」と問うのは誰か
基地引き取り論の射程

一　尊厳ある他者として

沖縄の批評家、仲里効氏は県外移設論への批判のなかで「奇妙な既視感」について語っている。沖縄からの県外移設要求にイエスと応答し基地を引き取るという運動は、「たしかにいままで見られなかった取り組み」であり、その意味では「新しい」と言ってよいが、「しかし、その理路を注意深く見ていくと、奇妙な既視感を抱かされる」というのである。そして続ける。

それというのは、基地の移設によって負担平等を求めていくロジックに、沖縄の戦後史をひと色に染めた「復帰」運動が日本国家の制度的枠組みに入ることによって差別の解消と平等を求めたベクトルを見てしまうからである。そこでの宛先は、「民族」や「国民」であったため、日本国家の沖縄再併合の狡知(こうち)に無惨(むざん)なまでに刈り取られていった。

「復帰」運動が日本(人)との一体化を目指したのに対し、基地移設論は「無意識の植民地主義」を論拠にした日本(人)と沖縄(人)を区別している違いがあるにしても、である[1]。

つまり、仲里氏は現在の県外移設論に、「復帰」運動の再来を見ているのである。「『本土並み』返還論の亡霊を見る」[2]という表現もある。

私が見ている県外移設論は、仲里氏の見ているそれとは相当に異なる。もとより私は「復帰」運動を沖縄人（ウチナーンチュ）として体験したわけでもなく、沖縄戦後史の専門家でもないから、歴史上の「復帰」運動と県外移設論との異同について正確を期すことはできない。私にできるのは、私自身に現われた県外移設論の核心と仲里氏の描き出す「復帰」運動がおよそ異なっていることを示すことである。県外移設論の核心についての私の認識は、現在、「本土」で基地引き取り運動に取り組む多くの人びとにもおおむね共有されていると私は感じている[3]。沖縄で県外移設を支持する人びとには、私の認識に誤りがあればぜひそれを正していただくようにお願いしたい。

[1] 仲里効「沖縄戦後思想史から問う『県外移設』論㊤」琉球新報、二〇一六年一月二〇日。
[2] 仲里効「沖縄戦後思想史から問う『県外移設』論㊦」琉球新報、二〇一六年一月二二日。
[3] 沖縄の米軍基地を「本土」で引き取る！ 編集委員会編『沖縄の米軍基地を「本土」で引き取る！ 市民からの提案』コモンズ、二〇一九年、などを参照。

仲里氏は、「復帰」運動について、たとえばこう書いている。

クサムニィ風に言い回せば、あれは「超自我の虚無点」のようなものだった。〈あれ〉とは、「祖国」とか「母の懐」と擬人化された国家としての日本のことで、沖縄の戦後史をひと色に染め抜いた日本復帰運動はその「超自我の虚無点」へ**無批判的に**自己を投射し融合していった。アメリカの剝き出しの占領状態からの脱出を、擬人化された日本を内面化することによって果たそうとする心性は、二重の植民地主義のわなに気づくことはなかった。超自我は「祖国」や「母の懐」から「平和憲法」に変わったにしても、自己を投射することのうちに内在化された**自発的隷従**に変わりはなかった〔4〕。

日本復帰運動は日本国家への「無批判的」な「自発的隷従」だと言う。「擬人化された国家としての日本」を「超自我の虚無点」として「内面化」し、それに「自己を投射し融合して」いく運動であったと言う。しかし、私の目には、**県外移設論は**そのようなものにはまったく見えない。

仲里氏の「既視感」への違和は、「復帰」運動が次のように描き出されることでさらに強まる。

かつて嵐のように吹き荒れる「超自我の虚無点」への合一運動にやりきれない思いを抱かされた。**沖縄的なものをおとしめることによって救済されると思いこむ、そこでの主体はつねに欠如として意識され、**それゆえにその欠如を埋めるように超自我に一層深くとらわれていくという構造をもっていた。〔中略〕戦後沖縄の日本復帰運動は、沖縄戦に極まる皇民化教育が跨ぎ越した歴史のふちや裂け目を再び跨ぎ越すことによって、**私ではないものへへつらうように自ら進んで同一化していく**ものであった〔5〕。

沖縄の日本復帰運動は、かつてこのようなものであったのだとしよう。では、現在の県外移設論は、はたしてこのようなものだろうか。「日本人よ、今こそ沖縄の基地を引き取れ」という要求に象徴される県外移設論の、どこに、「沖縄的なものをおとしめることによって救済されると思いこむ」要素があるのか。「私ではないものへへつらうように」「同

〔4〕仲里効「独立を発明する①」、沖縄タイムス、二〇一四年九月二日。なお、「クサムニィ」とは、沖縄言葉(ウチナーグチ)で「ペダンティックな口のきき方」、「大言壮語の言い方」などを指す(比嘉清編著『うちなあぐち大字引』南謡出版、二〇一九年、内間直仁・野原三義『沖縄語辞典』研究社、二〇〇六年、など)。
〔5〕同上。

一化していく」要素があるのか。**まったく逆ではないか**、と私は思う。

たとえば、ここに「基地は県外へ！」と題した一枚のビラがある。沖縄の県外移設論の重要な一翼を担ってきたカマドゥー小（ぐゎー）たちの集いが、二〇一五年五月一七日の「戦後70年　止めよう辺野古新基地建設！　沖縄県民大会」で配ったというビラである。そこにはこう書かれている。

> 沖縄人から盗んだ土地に造られた基地は、不正義と脆弱さそのものです。日米両政府は普天間基地を諦め、すぐに閉鎖し返還しなさい。移設が必要なら、安保条約を結び選択した日本本土に移設するのが当然です。沖縄は、基地のための島ではありません。沖縄人が幸せに暮らすための島です。
>
> 沖縄守（まむ）てい　沖縄んかい守（まむ）らってい　まじゅんみるく世（ゆ）ちゅくやびら〔6〕

いったい、この主張のどこに、仲里氏が描くような「復帰」運動の特徴があるだろうか。続く部分では「日本人のみなさんへ」と題して次のように語られている。少し長くなるが引用したい。

みなさんはどんな歴史や社会を次世代に引き継ぎたいのでしょうか。

日本の独立は、一九五二年サンフランシスコ講和条約第三条で沖縄を米国に差し出すことによって、手に入れたものです。その米国統治下の沖縄に、日本本土にあった基地も移設することによって、日本人は基地被害や基地問題から免れてきました。さらに一九七二年の「復帰」では、沖縄に押しつけた基地を「安保条約に基づく日本の基地」と言い換えて沖縄に残し、自らが負うべき基地負担から逃げました。

［在日米軍専用施設都道府県別面積割合　略］

沖縄に依存してきたこのような歴史や社会をまた次世代に引き継ぐのですか。安保に対して「賛成」でも「反対」でも「わからない」であっても、安保のツケは自分たちで払うことが、まず先ではありませんか。

沖縄人は基地反対運動をするために生まれてきたのではありません。それでも基地を許さず声を上げ続けるのは、沖縄戦の体験を引き継ぎ「次世代の命を守るため」「沖縄人が心安らかに暮らせる島にするため」です。日本人の皆さん、沖縄人のそんな心に寄りかかるのはもうやめなさい。押しつけてきた基地を引き取りましょう。たとえあなたのまわりの沖縄人がそう言わないとしても。これはあなた方ひとり一人の

〔6〕沖縄言葉で「沖縄を守り　沖縄に守られて　一緒に平和で豊かな世をつくりましょう」の意。

自立の問題です。

押しつけてきた基地を引き取り、沖縄から自立しましょう。

この呼びかけ文には、日本国家への「無批判的」な「自発的隷従」などつゆほども見られない。まったく逆に、ここにあるのは日本国と「日本人」への正面切った批判であり、鋭い問いかけであり、断固とした突き放しである。沖縄を米国に差し出すことで独立を手にした日本、基地被害や基地問題を沖縄に押しつけてきた日本人、安保のツケを自分たちで払わず沖縄に依存してきた日本人に対して、そんなあり方は「もうやめなさい」、沖縄から基地を引き取って自立しなさいと、強烈な要求を突きつけている。

「主体」はどうなっているだろうか。それは、「つねに欠如として意識され」るがゆえに、それを「埋める」ために「超自我に一層深くとらわれていく」という構造をもっているだろうか。そんなことはまったくない。むしろここでの「主体」は、「沖縄戦の体験を引き継ぎ」、「次世代の命を守るため」、「沖縄人が心安らかに暮らせる島にするため」に、「基地を許さず声を上げ続ける」「自立した」存在であって、「母なる祖国日本」などという「超自我の虚無点」をまったく必要としていない。「日米両政府は普天間基地を諦め、すぐに閉鎖し返還しなさい」と要求する「沖縄人」。「移設が必要なら、安保条約を結び選択した日本本土に移設するのが当然です」と宣言する「沖縄人」。押しつけてきた基地を引き取ることは「あなた方ひとり一人の自立の問題」なのだと「日本人」に自覚を促す「沖縄人」。「主体」というなら、そういう「主体」こそが、ここでは声を発しているのである。

仲里氏への反論のなかで沖縄近現代史家・伊佐眞一氏が記した次の一節も、まさにこのことを言い当てているように私には思われた。

げんにいまヤマトの責任で基地を引き取れと要求しているのは、沖縄人と日本人の境界が内外から「侵犯」されているとか、二重性うんぬんとか、また「沖縄人になる」などと頭の体操をしている者ではなく、われこそは沖縄人だと自覚し、誰はばかることなく公言するウチナーンチュである。

沖縄人としての自信にみちたこの強いモノ言いをみていると、かつてヤマトゥンチューの前で萎縮して小さくなっていたひよわな人間のあまりに多すぎた沖縄の、暗くて陰鬱(いんうつ)な歴史が、よりいっそう浮き上がってくる思いがするのである〔7〕。

「基地は県外へ!」の声は、「日本人」としての私(たち)にとって、まさにこのような

〔7〕伊佐眞一「琉球・沖縄史から見た『県外移設』論㊤」琉球新報、二〇一六年四月二六日。

「沖縄人」の声として現われてきているのである。「われこそは沖縄人だ」。なぜあなた方日本人は私たち沖縄人に基地を押しつけるのか。なぜ「基地はいらない」という私たちの声を聞かないのか。なぜ私たちが幸せに心安らかに暮らす権利を認めないのか。それは差別ではないのか。差別はもう許さない。日本人が必要とする基地は日本に持って帰りなさい。沖縄は日本の国防のためにあるのではない。沖縄の未来を日本人が押しつけることは許さない。沖縄の未来は私たち沖縄人が決める……。

私は、この声に呼びかけられ、問いかけられ、要求を突きつけられている、当の「日本人」の一人である。私のような日本人には、この声の核心部に、次のような要求が谺（こだま）しているように聞こえる。**私たち沖縄人の尊厳を認めよ、対等な他者としての尊厳を認めよ、**という要求である。したがって、「復帰」論がもし仲里氏の描き出すようなものであったとすれば、それを現在の県外移設論に重ねる仲里氏の論法は、控えめに言っても県外移設論の矮小化だと言わざるをえない。県外移設論と仲里氏の「復帰論」との「違い」は、単に前者が「日本（人）と沖縄（人）を区別している」ことだけではない。前者にあっては、**沖縄人は日本人に対して尊厳ある他者として自己主張しているの**であって、仲里氏の「復帰論」とはおよそ「ベクトル」が異なっているとしか思えないのである。

二　加害責任を問う

沖縄の県外移設要求の核心にこうした声を聞くことは、「本土」で基地引き取り運動に取り組む人たちや基地引き取りを支持する人たちの多くに、共有された経験である。県外移設の声は、なぜ「本土」の各地に引き取り運動を起こさせるような、かつてない力をもったのか。それはこの声が、**日本人の加害責任を直接に問う**ものだったからである。安保賛成の多数派はもとより、安保反対の少数派であっても、現体制を変えられないでいる限り、日本の有権者として沖縄に対する構造的差別の責任は免れない。「本土」有権者の日常的な無数の作為・不作為の連続の結果として、沖縄への犠牲はやまず、植民地主義的差別が続いている。日本政府を批判するだけでなく、それを支える日本人の責任を直接に問うことが重要であり、それなしに現状を変えることは難しい。県外移設論は、「日本人よ、今こそ沖縄の基地を引き取れ」と言うことによって、まさにそれを行なっているのである。

ここに、基地問題に関して沖縄から挙がるさまざまな声のなかで、県外移設要求が占める特別の意味がある。たとえば、普天間基地問題の解決策として世論調査などで示される選択肢は、「国外移設」、「県外移設」、「無条件撤去」、「県内移設」というものだ。これらのなかで、「県内移設」はもとより、「国外移設」も「無条件撤去」も、沖縄に対する日本人の基地押しつけ、植民地主義的差別の責任を問うものではない。「国外移設」も「無条件撤去」も、沖縄から基地をなくしたいという思いさえあれば、沖縄差別が仮になかったとしても言えることである。沖縄の異常な過重負担がなかったとしても、沖縄にあるのが普天間基地だけだったとしても、要求できることである。つまりこれらの選択肢は、**それ自体のなかに沖縄差別への批判を含んでいない**。だから、現存する差別的状況のもとでも、これらの選択肢は、安保体制を選択しながら基地負担を沖縄に押しつけている「本土」日本人の責任を問うことなく、「本土」日本人にとっては自らの無責任に直面させられずにすむ、いわば日本人にとって都合のよい選択肢なのである。

「安保廃棄」でも事情は同じだ。「安保廃棄」は安保条約を支持ないし容認する日本国民の責任を問うけれども、安保条約自体は沖縄への基地集中を定めたものではないので、安保を批判してもそれだけでは沖縄差別の批判にはならない。「安保廃棄」の要求は、安保体制下で**日本（人）が沖縄（人）を差別してきたこと**を批判するものではないからだ〔8〕。沖縄（人）が「安保廃棄」を言って「県外移設」を言わなければ、日本（人）で「安保廃棄」をめざす人びとと容易に「同志」となり「連帯」することができるだろう。日本（人）の「安保廃棄」派は、沖縄差別の責任を問われなくて済むため、内心、安堵すら覚えるだろう。ところが、「県外移設」を言われることは、日本（人）の「安保廃棄」派をまったく別の状況に直面させる。沖縄への基地押しつけをやめさせられていない以上、自分たちもまた構造的差別のもとで差別者の側にいることを否定できなくなるのである。「日本人よ、基地を引き取れ」という県外移設の声は、沖縄への基地集中という構造的差別の責任主体として、「日本人」を召喚する。この「日本人」は、沖縄人が「無批判的」に「隷従」し、「沖縄的なものをおとしめることによって」「融合」したいと欲望するような「超自我」としての「日本人」ではない。この「日本人」は、県外移設を要求する沖縄人にとって、安保体制に賛成するにせよ反対するにせよ日本国の圧倒的多数派として、沖縄への基地集中を許してきた構造的差別の主体であり、沖縄人の被害に責任を有する加害者として、沖縄人が基地を引き取らせるべき相手として、沖縄人から区別されている。「融合」、「合一」、「一体化」すべき「祖国」や「母の懐」などではなく、その圧力を跳ね返し、突き放し、その圧力から解放されるべき相手であり、対等な他者として出会い直すためにこそ批判し、問いかけ、責任をとらせなければならない相手なのである。

この意味で、仲里氏の論考中の次の一節は興味深い。

> 日米安保条約はアメリカの植民地主義と人種主義的(ママ)に自発的に隷従してきた日本国

〔8〕日米安保体制と日本の沖縄差別との関係については、次章の議論を参照。

家〈**国民の責任可能性も含む**〉との共犯によって成立しているはずだ。
〈軍事植民地・沖縄〉はその共犯のメルティング・ポットである〔9〕。

〈軍事植民地・沖縄〉を維持する日米両国の共犯関係において、仲里氏が日本国民に帰するのは「責任可能性」であって、「責任」ではないのだ。「責任可能性」とは聞き慣れない用語だが、この場合、常識的に解すれば、「国民には責任があるかもしれないが、あるとまでは言い切れない」ということだろう。不思議なほど控えめな表現である。「日本国家」は沖縄の軍事植民地化に関して「アメリカ」と「共犯」関係にあるが、その「日本国家」の**政治的主権者**である「国民」の責任は「可能性」でしかない、というのだろうか。戦後日本の安全保障政策に関する「国民」の責任は、憲法上・制度上、明白であるばかりではない。少なくとも過去半世紀以上にわたって日米安保体制を多数をもって肯定し、沖縄への基地集中を知りながらこれを他人事として放置してきたのは「国民」であり、その実質的責任も免れない。念のために言えば、日本国民の九九％は「本土」の国民であるから、沖縄の軍事植民地化に関わる「国民」の責任とは、数の上からしても、事実上「本土」国民の責任にほかならない。カマドゥー小(ぐゎー)たちの集いのビラで「日本人のみなさんへ」と呼びかけられている「日本人」、「日本人よ、今こそ沖縄の基地を引き取れ」と言われているその「日本人」とは、この「本土」国民のことだろう。

二〇一六年六月一九日、米軍軍属による女性暴行殺害事件に抗議する沖縄県民大会で、大学生の玉城愛氏はこう述べた。

安倍晋三さん。日本本土にお住まいのみなさん。今回の事件の「第二の加害者」は、あなたたちです。しっかり、沖縄に向き合っていただけませんか。いつまで私たち沖縄県民は、ばかにされるのでしょうか。パトカーを増やして護身術を学べば、私たちの命は安全になるのか。ばかにしないでください〔10〕。

玉城氏はここで、「安倍晋三さん」と呼んで日本政府の「加害」責任を指摘するだけでなく、「日本本土にお住まいのみなさん」に呼びかけて、日本人の「加害」責任をも指摘している。たしかに、「日本本土にお住まいのみなさん」の中には日本人以外の人もいる。しかし、ここで「日本本土にお住まいのみなさん」と言って呼びかけられている相手が、「本土」日本人の意味での日本人（ヤマトゥンチュ）であることは明白だろう。「オバマさん、米国に住む市民のみなさん、被害者とウチナーンチュ（沖縄の人）に真剣に向き合い、

〔9〕仲里効「再論・沖縄戦後思想史から問う『県外移設』論（中）」琉球新報、二〇一六年六月三日。
〔10〕「玉城愛さんあいさつ（全文）」琉球新報、二〇一六年六月二〇日。

謝ってください」とも述べ、「私はウチナーンチュであることに誇りを持っています」とも述べているところを見れば、玉城氏はここで、まさに沖縄人の若い世代の一人として、正面から日本人の加害責任を問うたのだと言えよう。「ばかにしないでください」という言葉は、沖縄人のアイデンティティと「誇り」を示して、力強い。県外移設を求めるかどうかは別として、伊佐氏の言う「われこそは沖縄人だと自覚し、誰はばかることなく公言するウチナーンチュ」の姿を見る思いがする。県外移設論と玉城氏の言葉に共通するのは、沖縄人として直截（ちょくせつ）に日本人の責任を言挙げする態度である。「本土」の引き取り運動も私も、遅まきながら、そうした厳しい問いかけによってこそ自らの加害責任に向き合わされ、一歩を踏み出す決断に導かれたのである。

三　植民地主義を拒否する

仲里氏は県外移設論に「『本土並み』返還論の亡霊」を見る、とも言う。これまで見てきたように、「日本人よ、今こそ沖縄の基地を引き取れ」と要求する県外移設論は、日本国家や国民への「無批判的」な「自発的隷従」などではなく、まったく逆に、日本国家と「本土」国民への公然たる批判であり、対等な他者として出会い直すための厳しい問いかけである。しかし、と言われるかもしれない。それでもなお県外移設論は、基地の平等負担や応分負担を要求する限り、沖縄人を「同じ日本国民」として認めよという主張であり、国家国民の中に進んで囚われていく「国民主義」の陥穽（かんせい）に嵌（はま）っているのではないか、と。「反復帰論」など戦後沖縄思想史の遺産から見ても思想的後退ではないか、と。

　ここでのポイントは、県外移設論を平等負担論や応分負担論に帰着させることができるかどうか、である。私にはそうは見えない。県外移設論は私に対して、平等負担論や応分負担論を含みつつ、それだけにはとどまらない奥行きをもって現われている。あるいはこう言ってもよい。県外移設論は、一方の極に平等負担論や応分負担論があるとすれば、他方の極には独立論があって、両極のあいだに幾つかの選択の自由を残すような幅広い射程をもって現われている、と。以下では、県外移設論が内包するように見えるこれらの位相について述べる。

　第一に、平等負担論ないし応分負担論という位相。たしかにこれは、沖縄県が日本国の一部であり、沖縄県民が日本国民の一部であることを根拠として、沖縄県民に基地負担が集中する現状を「法の下の平等」に反すると捉え、「本土」国民と沖縄県民とのあいだで**国民としての**基地負担の平等、公平を要求するものである限り、国民国家の論理に依拠する議論である。そこで、批判者はこれを「国民主義」だと言って斥（しりぞ）けようとするのだが、しかし私は、現にいま沖縄県が日本国の一部であり沖縄県民が日本国民の一部であるという法制度上の事実がある以上、これは当然の要求だと考える。日本国憲法が保障する基本的人権が損なわれている国民が、その回復を求めることは、国民として当然の権利である。「本土」国民に比してあまりに過剰な基地の負担とリスクを負わされている沖縄県民が、「せめて本土と同程度」にまで基地の削減を求めることも、国民として当然の権利である。国民国家や国民主義の問題点は周知の通りさまざまに指摘されてきた。「日本国民」の枠を自由や平和に対する桎梏と感じる感覚も理解できる。しかし、県外移設論者が国民としての平等、公平の理念に訴える場合の事情は、知念ウシ氏の次の言葉に集約されるのではなかろうか。

　県外移設論には、国民国家の中での平等を求める面がある。しかし、それは仲里さんが言うように、「日本国家の沖縄再併合の狡知に無残なまでに刈り取られ」た後、その真っ只中に捕捉されているわたしたちはその国家を前提にせざるをえないからである〔11〕。

　日本国家に「再併合」され、その「真っ只中に捕捉」されている現状では、国民国家の論理に全面的に敵対するよりも、「国民」である限り誰しもその理念を否定できない「平等」の権利に訴えることで、「本土」への基地引き取りを迫っていく。その方が、国民国家の枠を自明視する「本土」国民の多数派に対しては、実際、説得力をもつ面も否定できない。**日本国家から直ちに離脱できるのであれば別だが**、そうでなければ、「法の下の平等」の理念に訴えて差別的状態を解消しようとするのは、沖縄の人びとの当然の権利であるだけでなく、自らを「捕捉」する国家の法を逆手にとって自らの解放を進める「抵抗の狡知」とも言えるのではないか。

平等負担や応分負担を認めさせることが、沖縄(人)の日本(国民)への「融合」や「合一」や「同化」につながる、などということもない。日本国家と国民による基地の押しつけをやめさせ、平等負担や応分負担を認めさせたとしたら、それはまず沖縄を犠牲として成り立ってきた日本の戦後レジームを根底から揺さぶり、長年の構造的沖縄差別の終焉に向けた大きな一歩になるだろう。そして、日本国のなかでの沖縄(人)のアイデンティティはより強固になり、さらにその先の沖縄を「自己決定」していくための画期的な基盤が得られるだろう。

とはいえ、県外移設論の射程は平等負担論や応分負担論に尽きるかといえば、そうではないだろう。県外移設要求の主体は、日本国の法制度のもとでは憲法上の「法の下の平等」の理念に訴え、沖縄からの基地撤去を進めるために「国民の権利」を利用するとして

〔11〕知念ウシ「『県外移設』の思想とは　仲里効氏の批判への応答(下)」琉球新報、二〇一六年五月二〇日。

も、**沖縄（人）の基地撤去要求の正当性は「国民の権利」としてのみあるわけではない。**「国民の権利」は無歴史的であり、厳密に言えば、過去の経緯がどうであれ、現在、沖縄県に基地の異常な偏在があるならば、平等負担や応分負担の要求は正当化される。だが県外移設要求の核心には、そうした「国民の権利」には収まらないものがある。それは、**沖縄（ウチナー）に対する日本（ヤマトゥ）の植民地支配責任を歴史的に問う**というモチーフである〔12〕。

現在の沖縄県への基地の異常な集中は無歴史的なものではなく、沖縄に対する日本の歴史的な植民地支配の現在的形態であり、直接には、沖縄戦以来の日本による沖縄の軍事植民地化の歴史の結果である（沖縄戦後の米軍占領をサンフランシスコ講和条約、日米安保条約等により「合法化」してきた日米共犯の軍事植民地主義の結果である）。県外移設論は、単に「〇・六％の土地に七〇％」や「四七都道府県の一つに四分の三」を問題にするのではなく、**この歴史の責任**を問うのである。そして、**この歴史を貫く「沖縄は本土のためにある」という植民地主義を拒否する**のである。だからそこには、単に平等で応分の基地負担になればよいというのではなく、基地を押しつけてきた日本が**基地を引き取ることを要求し、沖縄を基地なき島に戻そうとする志向がある。**

再び先の「ビラ」から引用しよう。「**沖縄人から盗んだ土地に造られた基地は、不正義と脆弱さそのものです。**日米両政府は普天間基地を諦め、すぐに閉鎖し返還しなさい。移設が必要なら、安保条約を結び選択した日本本土に移設するのが当然です。**沖縄は、基地のための島ではありません。沖縄人が幸せに暮らすための島です**」。

「天皇メッセージ」で日本の「防衛」(protection)のために米軍の沖縄占領の継続を希望し、それをサンフランシスコ講和条約第三条で「合法化」したのは日本である。沖縄の人びとが日本の政治に参加できなかった時代に米国と旧安保条約、新安保条約を締結し、沖縄返還協定でそれを沖縄にも適用したのは日本である。しかし、沖縄は「基地のための島」ではなく「沖縄人が幸せに暮らすための島」なのだから、そのようにして沖縄に押しつけられてきた米軍基地は「日本本土に移設するのが当然」であり、そしてそれは普天間基地だけでなく本来すべての在沖基地がそうなのである。「沖縄は本土のためにある」のではないのだから、日本の防衛のためにと言って沖縄を軍事要塞化し続ける権利は日本にはないし、沖縄の米軍基地は本来すべて本土にあるべきものなのである。そしてこの(軍事)植民地主義批判の見地に立つ限り、自衛隊基地についても同じである。「日本人よ、今こそ沖縄の基地を引き取れ」という要求の核心には、このような意味が含まれていると私には思われるのだ。

(12) ここで「沖縄(ウチナー)」とは、沖縄島とその周辺だけを指すのではなく、歴史的に日本(ヤマトゥ)の支配を受けてきた琉球諸島全般を指す。

植民地主義批判としての県外移設論においては、日本（ヤマトゥ）と沖縄（ウチナー）の関係は宗主国と植民地の関係となり、日本人（ヤマトゥンチュ）と沖縄人（ウチナーンチュ）の関係は「植民者」と「被植民者」の関係となる。「日本人」や「沖縄人」がアイデンティティ（identity）を表わす概念とすれば、「植民者」と「被植民者」はポジショナリティ（positionality）すなわち政治的権力的位置を表わす概念である。宗主国の日本が植民地の沖縄を支配する。この植民地支配の関係において、日本人は政治的・権力的に沖縄人に対して支配的な位置に立ち、個々人の思想・信条がどうあれ、構造的に植民者としての利益を享受し、沖縄差別の主体となる。帝国憲法下では沖縄人は法的に「内地人」であったが、同化政策の対象となり社会的・文化的な差別を受けた。米国施政権下では日本の憲法秩序から排除された。「復帰」以後は日本国憲法下で再び「国民」となったが、日米安保体制下の基地政策で構造的差別を受けている。同じ「国民」でありながら、沖縄人の多くは日本人の多くと比べて異常に高い米軍基地負担とリスクの中に生まれ、育ち、生活せざるをえない。日本人の圧倒的多数は日米安保体制を支持しながら、米軍基地の負担とリスクから免れるという利益を享受している。「琉球処分」から今日まで法的形態は変わっても、日本（人）が沖縄（人）を自らの利益のために利用する植民地主義的支配関係は続いているのである（「天皇メッセージ」を考えれば、米国施政権期でさえそうであったと言えるだろう）。

憲法上の平等権に訴える県外移設要求は、論理的には沖縄県からでなくても提起できる。沖縄県に全国の約七〇％が集中する米軍専用施設は、青森県にも約九％、東京都にも約五％、神奈川県にも約六％、山口県にも約三％存在する（比率は小数点以下四捨五入、二〇二一年一月一日現在、防衛省発表）。平等負担や応分負担の権利に基づけば、これらの地域が米軍専用施設のない三四の府県に対して「県外移設」を要求してもおかしくない。沖縄県との違いは次の通りである。第一に、負担率の桁が違う。面積比の数字は一つの指標に過ぎず、要は沖縄への米軍基地集中が他の都道府県に比べて突出していることが問題である。第二に、沖縄以外の都道府県は、沖縄に対してヤマトゥとして、「本土」として、植民地主義権力を行使してきた主体を構成している。沖縄に基地を押しつけてきたのはヤマトゥであり、「本土」であって、神奈川県や東京都ではないのである。神奈川県民も沖縄県民も国民としては同等の権利を有し、県外移設を要求することができる。だが神奈川県の日本人は、沖縄人に対しては植民者の位置にあり、長年の植民地支配責任を問われる立場にある。ここに現われているのはまさに、沖縄（人）の日本（人）に対する県外移設要求、「日本人よ、今こそ沖縄の基地を引き取れ」という要求が、国民国家のなかの平等負担や応分負担の要求にとどまるものではない、ということである。

「日本人よ、沖縄の基地を引き取れ」という要求は、平等負担や応分負担の形態をとることもあるが、本質的には、**「日本（人）は沖縄（人）に対する（軍事）植民地主義をやめよ」**

という要求である。それは、「国民としての平等」の要求というかたちをとることがあっても、その根底においては、**日本人に植民者としての政治的権力的位置**（ポジショナリティ）**を放棄することを求め**、そうして日本の沖縄への（軍事）植民地支配を終わらせることによって、**日本人と沖縄人がもはや植民者と被植民者としてではなく、人間として対等・平等な者として存在しあう世界を創り出そうとする**要求なのだ。少なくとも私には、県外移設要求はそのようなものとして現われている。したがって、これを『本土並み』返還論の亡霊」などと見ることは、またもや県外移設論の矮小化であるように感じられるのである。

四　開かれた未来へ

沖縄の県外移設論がこうしたものだとすれば、そこに内包された未来への選択肢のなかに日本国家からの独立があるとしても、驚くには当たらない。つまり県外移設論は、日本の植民地支配からの解放要求を核心的なモチーフとしながら、一方の極には国民国家・日本のなかでの平等の実現があり、他方の極には日本国家からの完全独立があるような、**幅のある未来に開かれた**議論なのだ。そのように私は受け取っている。けっして沖縄の未来を何か一つの方向に定めているわけではない。基地を引き取らせたうえで、なおも国民国家・日本の一県にとどまるのか。日本との関係を残しつつ何か自己決定権を有する他の形態を模索するのか。あるいは完全に独立するのか。完全に独立するとしても、国家となるのか、それ以外のありかたを「発明」するのか。県外移設論は沖縄の未来についてこれらの多様な選択を許容するし、どの選択肢を追求するにしても、必ず沖縄への植民地主義的な基地押しつけを拒否する、そのような考え方だろうと私には見えるのである。

植民地主義的な基地押しつけを拒否し、その押しつけの当事者（構造的差別の当事者）であることを日本人に自覚させる、あるいは同じことだが、現在も継続する植民地主義という加害行為の当事者であること、その加害責任の主体であることを日本人に自覚させるということ。そこに県外移設論の核心があるからこそ、ようやく全国各地の市民のなかにその要求を受け止め、自分が沖縄に対する植民者という政治的権力的位置（ポジショナリティ）にあることに気づき、沖縄からの基地撤去を「本土」への引き取りという形で現実化しようという人びとが現われ、引き取り運動が始まったのである。私自身がそうであった。県外移設を求める沖縄人の声を聞くことがなければ、自分が沖縄への構造的差別の当事者であり、現在進行形の加害行為に責任を負っていることをどこまで自覚できたか疑わしい。基地引き取り運動に加わった「本土」の市民の多くが同じではないかと思う。

実際、県外移設論は、日本人にとって、基地問題に関する**自らの加害者性（植民者性）**

に気づかせてくれるほとんど唯一の思想である。それは、「日本人よ、今こそ沖縄の基地を引き取れ」という主張が、基地問題に関して日本人の加害者性(植民者性)を直接具体的に問うほとんど唯一の主張だからであり、日本人にとっては、自らの加害者性(植民者性)を直接具体的に問われるほとんど唯一の主張だからである。他の主張や立場ではそうはいかない。たとえば、「安保反対」。「基地は日本のどこにもいらない」。これらは日本国の安全保障問題に関する可能な一つの立場であるが、日本(人)の沖縄差別への批判、沖縄に対する植民地主義への批判を直接には含んでいない。「本土」日本人でも、沖縄に対する自らの加害者性(植民者性)をまったく自覚することなしに、「安保反対」や「基地は日本のどこにもいらない」と主張することができる。だから、沖縄から「安保反対」や「基地は日本のどこにもいらない」という訴えがあっても、沖縄に対する自らの責任をまったく感じることなく、「私もそうだ。連帯しよう」と言うことが可能なのだ。まして、圧倒的多数を占める安保賛成派や安保容認派の日本人は、「安保反対」、「基地は日本にいらない」と言われても、「同じ日本国民として私は意見が違う」と言って済まそうとするだろう。「日本人よ、沖縄の基地を引き取れ」という主張であればこそ、安保容認派に対しても反対派に対しても、現状が沖縄差別であり自分たちがその当事者であることを自覚させる力をもつのである。

仲里氏も言及した普天間飛行場問題の解決策に関する県民意識調査で、県外移設とともに選択肢に上がる無条件撤去や国外移設はどうか。普天間飛行場の無条件撤去要求が正当であることは言うまでもない。米軍が占領終了後もサンフランシスコ講和条約第三条という「法的怪物」によって沖縄に居すわり、沖縄人の土地を奪って建設した普天間飛行場は、「世界一危険」であろうとなかろうと、本来無条件に閉鎖撤去されて然るべきものである。とはいえ、この要求自体のなかに、沖縄戦から「天皇メッセージ」、サ条約第三条、施政権返還時における在沖基地の日本国内法上の合法化、その後の在沖基地の固定化に至る日本の植民地主義への直接の批判がないことも確かだ。無条件撤去要求は日本人の責任を直接問うものではない。だから、多くの日本人はそれを聞いても自分が問われているとは感じず、「沖縄の人が米国に求めていること」と理解してしまうのだ。

国外移設はよりはっきりしている。代替施設を沖縄県外の国内＝「本土」に求めるのではなく、それを避けてわざわざ国外に求めようとする点で、国外移設を選ぶことは「本土」を国外よりも優先することを意味する。米軍基地を「日本国の内に」(in Japan) 置くと定めた安保条約を支持し、その負担とリスクを負うべきなのは「本土」日本人であるのに、国外に基地を移しても「本土」にだけは移したくないとする点で、国外移設論こそ「国民主義」＝日本国民優先主義の問題を抱えていると言うべきだろう。県外移設論を激しく批判しながら国外移設論を放置しているような人びとは、この意味での「国民主義」を無自覚のまま抱え込んでいるのではないか。国外移設論は日本人の植民地主義を批判するどころか、日本人を特権化する立場である。だからそれは日本人を安心させ、日本人に歓迎されるのである。

五 「落差」の問題

以下では、仲里氏の論考「沖縄戦後思想と実践の射程　高橋哲哉氏に答える」〔13〕に応答しておきたい。「高橋哲哉氏に答える」としているが、残念ながら、その内容に説得力は感じられなかった。私の論旨への誤解と思われる箇所が目立ち、仲里氏の「論理」への疑問もむしろ膨らんでしまった。

同論考の(上)では、もっぱら、雑誌『DAYS JAPAN』二〇一四年七月号の仲里氏の文章「沖縄の戦後　日本による『排除』の歴史」と、同文章中および章題に配置された國吉和夫氏の一枚の写真の関係について、私の疑問への応答がなされている。仲里氏は、氏の文章が「『県外移設』要求について一言も触れていないことが高橋氏には大いに不満のようだ」としたうえで、「写真家は写真によって、言葉の人は言葉によって試されるのが筋」だから、私(高橋)が「写真と言葉の関係を、直線を引いて疑わない物言い」をしているのは前提が誤っている、とする。「どうやら高橋氏には使われている写真に言葉が相即していなければならない、という確たる命法があるようだ」が、その命法は誤っており、「文と写真が対応関係を持たず、私〔仲里氏〕の論が『県外移設』に一言も触れられていな(ママ)いこと、その落差にこそ答えのすべてはあるはずだ」というのである。

しかし、仲里氏が本当にこのように考えているのだとすれば、前提が誤っているのは仲里氏のほうである。私は「写真と言葉の関係を、直線を引いて疑わない」などという者ではないし、「使われている写真に言葉が相即していなければならない」などという「確たる命法」も持っていない。そもそも私が疑問としたのは、仲里氏の文章と國吉氏の写真が「相即」していないとか、「対応関係」にないとか、仲里氏の文章が県外移設について一言も語っていないとか、そういうことではない。

問題がそういうことならば、私はさらに、コザ暴動関連の二枚の大きな写真について仲里氏はなぜ一言も触れていないのかとか、米軍の毒ガス移送トレーラーや全軍労支援デモの写真についてなぜ仲里氏の解説がないのかとか、嘉手苅(かでかる)ウシ・林昌(りんしょう)の母子が歌った琉歌・島唄に「対応」する写真はどれかとか、なぜ「天皇メッセージ」を論じながら関連写真がないのかとか、いくつもの疑問に頭をかかえねばならなかっただろう。だが私は、仲里氏の言う「確たる命法」を持っていないので、そんな疑問は抱かなかったし、仲里氏が

〔13〕仲里効「沖縄戦後思想と実践の射程　高橋哲哉氏に答える」(上)(中)(下)、琉球新報。

県外移設要求に触れていないことにも「大いに不満」など持ちようがない。では、私は何を疑問としたのか。拙稿の該当箇所はこうである。

〔前略〕仲里氏の文章の最後のページの中央には、「日本人よ！ 今こそ、沖縄の基地を引き取れ」と大書した横断幕を前面に写した写真が置かれている。〔中略〕雑誌の目次の「沖縄の戦後」の章題には、本文中で使われている國吉氏の写真数枚の中からこの写真だけが抜き出して使われている。だが仲里氏の文章では、沖縄からの「県外移設」要求については一言も触れられていない。

仲里氏の文章を読む人は、この写真に写る「基地引き取り」要求を「沖縄の戦後」を象徴するものとして、少なくともその一コマとして受け取るだろう。ところが驚くべきことに、仲里氏は今回、知念ウシ氏への応答のなかで、カマドゥー小など沖縄の女性たちの「基地引き取り」要求を、「能動化されたモラルニヒリズム」、「凌辱された女性たちを2度凌辱するもの」とまで言って批判した。写真の構成は國吉氏によるのかもしれないが、映像批評家の仲里氏にとってもおろそかにはできないはずだ。なぜ仲里氏は、自らが最大級の否定辞をもって批判する運動の写真を、「沖縄の戦後」を語る文章の中心に置くことができるのか。不可解である〔14〕。

「仲里氏の文章では、沖縄からの『県外移設』要求については一言も触れられていない」とは、事実の確認であって不満の表明ではない。県外移設要求について「一言も触れられていない」こと自体が問題だと言っているのでもない。私の疑問は、右の引用に明らかなように、「なぜ仲里氏は、自らが最大級の否定辞をもって批判する運動の写真を、『沖縄の戦後』を語る文章の中心に置くことができるのか」というものである。

仲里氏は、「カマドゥー小など沖縄の女性たち」の県外移設要求を、最大限の否定辞をもって批判した。「能動化されたモラルニヒリズム」もさることながら、「凌辱された女性たちを2度凌辱するもの」という言葉は、男性が女性に、人間が人間に向ける言葉としては、これ以上否定的なものが考えられないほど否定的な言葉だろう。「基地を引き取れ」という要求は、それほどまでに最悪だと仲里氏は言っているのである。ところで氏の文章は、國吉和夫氏の写真とともに、「沖縄の戦後　日本による『排除』の歴史」の章を構成している。そしてその文章には、カマドゥー小たちの集いが記した「日本人よ！　今こそ、沖縄の基地を引き取れ」という大きな文字が、國吉氏の写真に写し撮られて、本文中に一箇所(仲里氏の言葉を借りれば「割り付け上は『文章の中心』に」)、章題ではこの章をそれ単独で象徴するかのように、配置されているのである。本文の写真に付けられたキャプ

〔14〕高橋哲哉「基地『引き取り』論の射程　仲里効氏に答える(下)」琉球新報、二〇一六年一〇月一九日。

『DAYS　JAPAN』（2014年7月号）に掲載された写真（撮影／國吉和夫）

ションは、「菅直人元首相の来沖に横断幕を持って抗議する人々。沖縄には米軍基地の75パーセントが集中する。那覇市。２０１１年」というものである。

もしも、仲里氏が「基地を引き取れ」という要求を最悪だと否定し、セカンド・レイプに等しいとして拒絶する人であることを知らなければ、この文章の読者の大半は、この写真の文字すなわち県外移設要求を、私が書いたように「沖縄の戦後」を象徴するものとして（「少なくともその一コマとして」）受け取るだろう。仲里氏が批判する「日本への自発的隷従」を表わすものではなく、「日本による『排除』の歴史」への抵抗を表わすものとして、嘉手苅ウシの琉歌に歌われた「何てこった大事なわが沖縄」とは逆に、「沖縄はウチナーンチュ（沖縄人）の島」なのだから

「お上（国）のやつらの勝手にされて」なるものかという心意気を表わすものとして、受け取るだろう。実際、私がそうであった。キャプションも、県外移設から県内移設に回帰した民主党政権への沖縄民衆の抗議の一幕だと教えているのだから、なおさらである。

「日本人よ！　今こそ、沖縄の基地を引き取れ」という声が、セカンド・レイプに等しい「モラルニヒリズム」であるならば、それは「沖縄の民の声を無視した『世替わり』と、それに対する庶民の抗い（あらが）」を伝える嘉手苅ウシの琉歌と、とうてい相容れないことになるだろう。だが実際のテクストは、そんな読みへの手がかりをまったく与えないばかりか、両者はともに「沖縄の戦後」における「お上〔国〕」への「抗い」の表現なのだろうという読みへと、読者を誘っていくのである。もしかすると、本当はそうなのではないか。カマドゥー小たちの集いの横断幕と嘉手苅ウシの琉歌は、仲里氏の評価に反して、むしろ、「沖縄の戦後　日本による『排除』の歴史」の**テクストが誘っている通りに**、深いところでつながっているのではないだろうか。そんな思いを禁じることができない。

ところが仲里氏は、意外なところに手がかりがあると言う。「文と写真が対応関係を持たず、私の論が『県外移設』に一言も触れられて（ママ）いないこと、その落差にこそ答えのすべてはあるはずだ」と。これはまた不思議な主張だ。県外移設要求を写す写真があるのに、仲里氏の論は県外移設に一言も触れていない、その「落差」にこそ「答えのすべて」がある、とはどういうことか。「答えのすべて」とは、何に対する「答え」なのか。レトリックは曖昧模糊としている。

私の問いは、「なぜ仲里氏は、自らが最大級の否定辞をもって批判する運動の写真を、『沖縄の戦後』を語る文章の中心に置くことができるのか」であった。仲里氏は、〈県外移設要求を写す國吉氏の写真を文中にまた章題として受け入れたのは、文中でそれに触れないことによって、県外移設要求に自分が否定的であることを示すためだった〉とでも言うのだろうか。

だとしたら、少なくとも二つ問題がある。第一に、先にも述べたように、写真がありながら文中で仲里氏が一言も触れていない事柄は他にもある。コザ暴動しかり、全軍労支援デモしかり、米軍トレーラーによる毒ガス移送しかり。県外移設についてだけ、写真と文の「落差」に意味をもたせるのは無理だろう。コザ暴動や全軍労支援デモに触れていないからといって、仲里氏がこれらに否定的だとも言えないだろう。つまり、文中で触れていないことをもって、県外移設の写真にだけ否定的評価を対応させることはできないのだ。第二に、県外移設に触れていないことに特別な意味をもたせ、一般に文と写真の「落差」にこそ意味があると言うのであれば、文と写真は逆説的にもむしろ「対応」していることになるだろう。つまり、写真があるのに文で触れられていないことには意味があるという規則が成立し、写真と文はいわば逆対応することになるだろう。

それとも、〈いや、単に文と写真は別なのだ、写真は國吉氏のもので私はコミットしていない〉と言いたいのか。そんなことを言えば、写真は國吉氏のものでなくてもよくなるし、誰のものでも、どんなものでもよくなってしまう。

いずれにせよ、県外移設要求を最悪のものと否定する仲里氏が、「沖縄の戦後」を語る自らの文章のまっただ中に、県外移設をストレートに訴える運動の写真を迎え入れ、そしてそれについて何も語らないことによって、その運動に対する自らの評価とは対極にある読みへと読者を導いていく、その不可解さは何も解消されずに残っているのである。

六　レトリックの陥穽

仲里氏は論考（中）と（下）で、私の前稿〔15〕での仲里氏への応答に反論し、あらためて県外移設／基地引き取り論を批判している。そこで氏は、県外移設論を一貫して平等負担論、応分負担論と等置し、それは「復帰」運動と同じ「国民主義」の誤りを反復するものだと論難している。しかし私から見ると、そうした批判は県外移設論を矮小化するものであり、核心に届いていない。この点は本章の一から四で詳述した通りである。加えて、仲

〔15〕高橋哲哉「基地『引き取り』論の射程　仲里効氏に答える」（上）・（中）・（下）、琉球新報。

里氏の議論にはまたしても論理の混乱が見受けられるので、それを指摘しつつ拙論の趣旨を確認しておきたい。

まず、次の一節。

高橋氏が「レトリック」だと批判した「安保をもって安保体制をなくすことはできない」としたことについていま少し立ち止まってみたい。この一節は「天皇をもって天皇制を、原発をもって原発体制を、戦争をもって戦争体制をなくせないように」と連接されて言われている。「安保を必要とするならば」という仮言命法を梃子にして応分の負担に接合する基地引き取り論の論理構造を、ウイングを広げることによって明らかにしていく意図があった。このことはたとえば、沖縄と福島を「犠牲のシステム」として捉え、それを解消するには、まず福島の原発を原発の恩恵を受けている地域で引き取り、平等に負担すべきだという主張の同工異曲以上のものではない。そしていまや圧倒的多数の天皇支持に浸された日本的精神を、そしてもしも戦争を容認する世論が大勢を占めたならば、高橋氏はやはり天皇制や戦争を引き受けるべきだというのだろうか[16]。

私は「安保をもって安保体制をなくすことはできない」という仲里氏の主張を、それが

「レトリック」だと批判したのではない。それがレトリック（修辞）であるのは事実である。私が批判したのは、このレトリックが拙論への批判としては「もっともらしい」が「**混乱している**」ことである。

拙論では、沖縄の基地を「本土」の責任で引き取ったうえで基地の撤去をめざして安保解消を訴えていく、あるいは「安保に賛成ならば在沖基地を引き取るべきだし、引き取れないなら安保を見直すべきだ」と主張していくのだから、「安保をなくす」のは当然「安保に反対する」ことによってだ、と明記した。仲里氏が拙論を「二段階改良主義」だというのであれば、なおさら、安保のある事実の中で基地を引き取るのは第一段階においてであって、第二段階で「安保をなくす」ためには「安保に反対」しなければならない。したがって、拙論が「安保をもって安保体制をなくす」誤りに陥っているという氏の論は的を外しているのである。

ところが仲里氏は、今回も、私のこの説明にはいっさい言及することなく、再び「安保をもって安保体制をなくすこと」の誤りを、天皇制や原発や戦争の例を挙げて私に帰している。基地引き取り論の「論理構造」の誤りは「ウイングを広げることによって明らかに」なるというのだ。しかし、そもそも基地引き取り論は「安保をもって安保体制をなく

〔16〕仲里効「沖縄戦後思想と実践の射程　高橋哲哉氏に答える（中）」琉球新報、二〇一七年三月二一日。

す」ことなど主張していないのだから、「天皇をもって天皇制を、原発をもって原発体制を、戦争をもって戦争体制をなくせないように」「安保をもって安保体制をなくすことはできない」と言われても、この批判は空振りに終わっていると言うほかはない。

もっとも、天皇制や原発や戦争のなかに私の言う「犠牲のシステム」(17)の要素を見出すならば、それを批判する論理が基地引き取り論との一定の相似形を示すことはありうる。仲里氏は問う。「いまや圧倒的多数の天皇支持に浸された日本的精神を、そしてもしも戦争を容認する世論が大勢を占めたならば、高橋氏はやはり天皇制や戦争を引き受けるべきだというのだろうか」。もちろん否である。「圧倒的多数」が「天皇支持」であっても私は天皇制を支持しない。「戦争を容認する世論が大勢を占めた」としても、私は戦争には反対する。それは「圧倒的多数」が安保支持の現状でも私は安保を支持しないのと同様である。しかし、基地引き取り論のポイントは、安保支持者(「本土」)がその責任を負わず、安保支持に伴う負担を弱者・少数派(沖縄)に肩代わりさせているので、その負担を本来の責任者に戻すという点にある。たとえば天皇制において、「圧倒的多数」がそれを選択しながら責任を負わず、膨大なマイナスを弱者・少数者(たとえば沖縄)に押しつけていたなら、それは不当な差別ではないか。天皇制の負担はそれを選択した者が負うべきだ、という議論は十分成り立つ。戦争において、それを選択した者が責任を負わず、弱者・少数者(たとえば沖縄)に膨大なマイナスを押しつけたとしたなら、それは不当な差別ではないか。責任者が責任を負え、という議論は十分成り立つ。長谷川如是閑の「紹介」した「戦争絶滅受合法案」の論理は、まさにそれである[18]。

原発はどうか。仲里氏は、基地引き取り論は「福島の原発を原発の恩恵を受けている地域で引き取り、平等に負担すべきだという主張の同工異曲以上のものではない」と言う。だが、ここは正確を期すべきである。基地引き取りの論理を原発問題に翻訳するなら、ほぼ次のようになるだろう。「もしも多数者・権力者が電力源として原発を選択し、その利益を享受しながらリスクは一部の地域に押しつけているなら、多数者・権力者は原発を引き取ることで責任をとるか、それが嫌なら原発という選択を見直すべきである」。仲里氏はこの論理を斥けるのかもしれないが、私はそうではない。実際、チェルノブイリ事故後の日本では、「東京に原発を!」という論理、すなわち「日本の原発がそれほど安全だというなら原発は東京に作ればよい。それができないのは原発の危険性を否定できないから

〔17〕高橋哲哉『犠牲のシステム　福島・沖縄』集英社新書、二〇一二年。
〔18〕『我等』一九二九年一月「巻頭言」。戦争を始めたら一〇時間以内に、国家元首、国家元首の男性親族(16歳以上)、総理大臣、国務大臣、次官、議員と宗教界の指導者(戦争に反対した者を除く)の順に、最前線に一兵卒として送り込まれる、という内容の法案。一般国民ではなく戦争を始める権力者たちがその責任を負うべきという趣旨。

だ」という論理が、反原発の論理として一定のリアリティをもった。今は福島の被災者の間で、再びリアリティをもって語られている。この論理が、原発の恩恵を受ける人びとに**当事者意識を喚起**し、原発というシステムが内包する矛盾と差別性を自覚させるのに十分な力をもっている、ということは否定できない。ただし、基地引き取り論とまったく同じだというわけではない。沖縄の基地は一方的に押しつけられてきたが、原発は一応、立地自治体の承認がなければ建設できない。加害—被害関係の明確度が違うのである。

七 「段階」問題・補遺

先に私は、在沖基地は安保と軍事力と「同時に、一度に、一挙に」解消されねばならないとする仲里氏の「一段階革命主義」の問題点について指摘した[19]。だが、それに対する具体的な釈明は今回の氏の論考には見出せない。他方、氏が基地引き取り論を「二段階改良主義」として批判する意味については、氏は今回、それが「復帰」運動批判と結びついていることを明言した。

なぜ沖縄は日本を祖国と幻想したのか、なぜ日本国民に進んで一体化することで米軍支配の不条理から解放されると思ったのか、そしてそのことがなぜ沖縄の日米共同管理体制を下支えすることに無防備だったのか。そこでもまずは「復帰」を優先し、その後日本国民とともに問題解決を図るという二段階論が「突破口」になっていた。だから足元の空隙に付け込まれたのだ[20]。

県外移設論を、なんとしてでも「復帰」論に重ねて否定したいという氏の意向がここでも強く感じられる。けれども、それは成功していない。

仲里氏によると、「復帰」論は「まずは『復帰』を優先し、その後日本国民とともに問題解決を図るという二段階論」をとったがゆえに、「日本を祖国と幻想」し、「日本国民に進んで一体化することで米軍支配の不条理から解放されると思」い、そして「そのこと」によって「沖縄の日米共同管理体制を下支えする」ことになってしまった。では、沖縄の県外移設論はどうか。「まずは『在沖基地の「本土」移設』を優先し、その後日本国民とともに問題解決を図るという二段階論」をとったとしても、それゆえに「日本を祖国と幻想」したり、「日本国民に進んで一体化」したり、そして**そのことによって**「沖縄の日米

〔19〕注〔15〕の拙稿を参照。
〔20〕仲里効「沖縄戦後思想と実践の射程　高橋哲哉氏に答える（中）」琉球新報、二〇一七年三月二一日。

共同管理体制を下支えする」ようなものではないだろう。それはすでに本章の一から四で見た通りである。まして、日本人側の基地引き取り論について、そのように語ることは無意味でしかない。そして、在沖基地の「本土」移設が実現すれば、それは「そのこと」によって「沖縄の日米共同管理体制」を突き崩すことにつながるだろう。「復帰」論と県外移設論の内容上の実質的相違を無視して、同じ二段階論の轍を踏むものと決めつけるのは無理なのである。

仲里氏は私の議論を、「二段階改良主義にして体制内差別解消」だとして批判した。それに対して私は、基地引き取り論の論理構造を説明しつつ、仲里氏は「段階的改良主義」を否定するなら、安保体制下での日米地位協定改定、段階的・計画的な基地返還プログラム、海兵隊撤退などはもとより、自らが「沖縄の生き延びる道」とする「安保廃棄」や「日本の軍事力の完全解消」すら否定せざるをえなくなるが、それでよいのかと問うた。氏が「戦争の『絶対否定』」をカント的意味での「統整的理念」とすること自体、「段階的改良主義」の否定と矛盾するのではないか、とも問うた。残念ながら仲里氏の回答は得られなかった。あらためて確認すれば、安保解消や「常備軍の廃止」(カント)は私も目標として共有できる。しかし、それらを実現するまで沖縄からの基地撤去を待てということは、もはや無理ではなかろうか。

第三章

沖縄再併合としての沖縄返還

新城郁夫氏

「日本占領再編ツールとしての沖縄返還」について

一　批判の作法

新城郁夫氏は「日本占領再編ツールとしての沖縄返還」と題された論考〔1〕において、「沖縄の思想の核心」が「岡本〔恵徳〕の言う『やさしさ』にこそ見出されるのでなければならない」と言う。そして、この「やさしさ」とは、「何よりもまず、みずからを過酷に曝すような『犠牲』への道に決して赴かないという強靭な覚悟であり、同じ覚悟において自分以外の他者のいかなる過酷と犠牲をも許さないという意志である」と述べる〔2〕。

このような「覚悟」と「意志」が、否定されるべきものでないことは言うまでもない。だが、このことを根拠として県外移設＝基地引き取り論を否定するのは、話が違うと言わざるをえない。

新城氏が依拠する岡本恵徳氏の文章は以下の通りである。少し長くなるが、重要なので引用文全体を掲げる。

施政権返還に関する「沖縄協定」についての沖縄の拒絶は、あえていうならば、沖縄の政治的・社会的な過酷な状況を、他の地域に、あるいは本土に波及させることを拒否するものであり、沖縄の自らの担っている過酷を、他のいずれかに肩代わりさせることを沖縄の自らが容認しないという意志の表明であったといえるであろう。／沖縄の状況を容認することは、ひるがえっていえば、他のいずれかがその状況に陥ったときそのものの担わされる状況を全的に容認し、それを担わされた者の抗議の声を圧殺する側に加担することを意味しよう。沖縄が、沖縄の担わされている状況を峻拒することは、同時に、沖縄以外の誰もがそういう犠牲（もしその言葉が言えるとすれば）を担うことを沖縄は許さないのだとする意志の表明であるのだから、その意味では、本質的なところでの「やさしさ」を生きていることになるといえなくもない。

かつて「本土の沖縄化に反対する」という革新政党のスローガンに対して、中野重治氏がひとつの異議を呈出したことがあった。中野氏のこの発言は、そのスローガンの中に潜んでいる、沖縄を差別し沖縄と同じ様な状況に陥るのは御免だとする本土側のエゴイズムを鋭くえぐりだしたもので、中野氏らしい倫理感と潔癖さにあふれた美

〔1〕新城郁夫「日本占領再編ツールとしての沖縄返還」は、『現代思想』二〇一五年八月号に初出、のちに同氏『沖縄に連なる　思想と運動が出会うところ』岩波書店、二〇一八年、に収められた。以下の引用では『沖縄に連なる』の頁数を記す。

〔2〕『沖縄に連なる』、二一一頁。

しい文章であった。〔中略〕中野氏の発言として美しいと述べたが、それは本土に生きる知識人の言葉として美しいのであり、沖縄に住むぼくたちにとっては、それとは逆に「本土の沖縄化に反対」することこそ、正しいのである。／本土に住む人間が「本土の沖縄化に反対」するとき、無意識のうちに露呈されるエゴイズムをみることができるとするならば、沖縄に住む人間が、「本土の沖縄化に反対」することは、みずからの担っている過酷な状況を拒否するとともに、そのことを通してみずから以外の本土の誰かが、みずからの担っていると同様の過酷を担わされることに反対することを意味するのであって、したがって沖縄に住むぼくたちにとっては、「本土の沖縄化に反対することに反対」するわけにはいかないのだ。そのようなまぎれもない認識があって始めて、本土の知識人としての中野重治氏の発言は美しいのであり、沖縄のぼくたちにとっては「本土の沖縄化に反対」し続けなければならなかったし、反対し続けてきたはずである〔3〕。

新城氏は、「沖縄返還が果たされてしまった一九七二年五月」に発表されたこの文章に、「いま反芻すべき思想＝運動の原則がある」とする。そしてこれを、県外移設＝基地引き取り論の否定につなげるのである。ここもやや長くなるが、問題の個所なのでまとめて引用する。

「犠牲のシステム」を批判するそぶりにおいて自己犠牲イメージに酔って国民主義に回帰していくような、そのような言説が垂れ流されることを通じて日米安保を解消に向けて批判する思考が抑圧される今、そして同時に、米軍基地を国内問題の枠でハンドリングできるという妄想的前提のもと、対米従属からの脱却が日本国家の主権と独立の回復において可能となるかのようなポピュリズムによる誤認が組織化されていく今、安保体制が全世界的米軍再編と直結している事実が再認識され、この再編の犠牲にならないという拒否の連帯が喫緊に模索されていく必要がある。また、沖縄の痛みを分かつと称して、米軍基地を沖縄から日本本土に引き取るなどという短絡的な発想から「移設」という米軍再編が生み出したジャーゴンに乗っかりこれを流通させていく言動の危険性を、「犠牲」という言葉への限りない警戒とともに批判的に検証していく必要がある。

そのさい、他者が強いられた過酷を許さないために自己が強いられた過酷を「峻拒」するという思想運動ほど大切な理念はない〔4〕。

---

〔3〕同書、一八—二〇頁。岡本氏による初出は、岡本恵徳「『やさしい沖縄人』ということ」『「沖縄」に生きる思想　岡本恵徳批評集』未來社、二〇〇七年、七五—七七頁。

私は拙著『沖縄の米軍基地　「県外移設」を考える』第四章で、新城氏が県外移設論に対して、「狡猾さ」、「虚言」、「馬鹿げた本」、「デタラメ」、「倒錯」といったペジョラティブ（侮蔑的）な表現を投射し、過剰に攻撃的な態度をとっていることを批判したが、相変わらず、同種のイメージ操作に熱心だと言わざるをえない。

『犠牲のシステム』を批判するそぶりにおいて」と言うが、そのような「そぶり」をしているのは誰なのか。「自己犠牲イメージに酔って」と言うが、そのように「酔って」いるのは誰なのか。私の考えでは、「犠牲のシステム」への批判と「自己犠牲イメージに酔う」こととは相容れない。私は拙著『犠牲のシステム　福島・沖縄』〔5〕で、日米安保体制（戦後日本の安全保障システム全般）は、沖縄を犠牲としてのみ維持されてきた「犠牲のシステム」だと論じた。そのうえで、この「犠牲のシステム」を止めるための方策として、沖縄の米軍基地の県外移設＝「本土」引き取りを主張した。しかし県外移設＝基地引き取りは、そもそも「自己犠牲」ではない。「自己犠牲」とは私の理解では、もともと（当該事案に関して）責任のないイノセント（無垢）な者が、他者のために進んで自己（の存在、所有物、利益など）を放棄することを言う。だが県外移設＝基地引き取りは、沖縄の「犠牲」に何の責任もない本土が沖縄のために自ら「犠牲」を引き受けるということではない。沖縄の基地は本来、安保を政治的に選択してきた「本土」にあるべきものだから、

「本土」はその責任においてこれを引き取らなければならない、ということである。「本土」はとるべき責任をとって来なかったから、遅まきながら責任をとらなければならないのであって、仮にも「自己犠牲イメージ」をもって基地引き取りを語る者がいるなら、勘違いも甚だしいと言わなければならない。

「国民主義に回帰していく」とは、どういうことか。新城氏が「『掟の門前』に座り込む人々　非暴力抵抗における『沖縄』という回路」〔6〕で、県外移設を「人種主義」だと断罪した議論と、どう連関するのか。私の理解では、県外移設論の論拠にもある程度の幅がある。日本という国民国家における国民間の平等の権利に訴え、沖縄の置かれた基地負担の異常な不平等を解消すべきだという議論。沖縄に対する日本の植民地主義的差別の歴史を強調し、平等負担よりも全基地引き取りを要求する議論。後者のなかには、日本国を前提とし国際人権法上の「先住民族」の権利として県外移設を求める議論もあれば、沖縄独立をめざし、それに伴う当然の措置として県外移設を求める議論もある。私自身は、それ

---

〔4〕『沖縄に連なる』、一二〇頁。
〔5〕高橋哲哉『犠牲のシステム　福島・沖縄』集英社新書、二〇一二年。
〔6〕新城郁夫「『掟の門前』に座り込む人々　非暴力抵抗における『沖縄』という回路」『現代思想』二〇一四年一一月号所収。同『沖縄に連なる』、一三五頁以下。

ぞれの前提に即していずれの議論も正当だと考えている。新城氏はこれらすべてに否定的であろうが、では「国民主義に回帰していく」とはどういうことなのか。国民国家が現に存在し、その憲法が「法の下の平等」や「差別の禁止」を謳っているとき、過剰な基地負担の押しつけによって被害を受けている沖縄の人びとが、差別的政策の是正を訴えて基地被害から解放されようとすることは、「国民主義」の名において否定されるべきことなのか。平等負担の要求は、沖縄からの基地撤去のために現存する法の原則を利用し、「本土」による沖縄差別を厳しく告発するものであって、「祖国幻想」や「国民幻想」とはさしあたり何の関係もない。

さらに、「そのような言説が垂れ流されることを通じて日米安保を解消に向けて批判する思考が抑圧される今」とも言う。

「垂れ流す」とは、たとえば『広辞苑』によれば、①大小便を無意識にたらす、②汚水・廃液を処理せずにそのまま川や海などに流し捨てる、ことを意味する。新城氏は県外移設＝基地引き取りの主張を聞くと、こうした事象を連想するのであろう。同様の表現は他の個所でも見られる。たとえばこうだ。「辺野古・高江の反基地の闘いは、日本（人）を変える起爆剤でもなければ、米軍基地移設＝基地引き取りといった言動が**垂れ流す**『負担平等』の妄言とも関係が無いと私は考えている」〔7〕。こうした表現が繰り返されるのを見ると、新城氏は県外移設＝基地引き取りを主張する者に対して、理性的な議論の前提となる最低限のリスペクトさえ持ち合わせていないのではないか、と疑われる。私だけならまだしも、県外移設＝基地引き取りの思想と運動を担っている沖縄内外の人々を、「大小便」や「汚水・廃液」を撒き散らすだけの有害極まりない存在として描き出すことはやめにしてもらいたい。

それにしても、「そのような言説が垂れ流されることを通じて日米安保を解消に向けて批判する**思考が抑圧される**今」とは、どういうことか。日米安保を「犠牲のシステム」として批判する思考が、日米安保を批判する**思考を抑圧している**例があれば、教えていただきたい。私自身は、新城氏や沖縄の論者たちの安保批判の思考から多くを学んでいる。沖縄の県外移設論者の言説が安保批判の思考を抑圧しているなどとも思えないのだが、どうであろうか。

ちなみに言えば、私にとって印象的だったのは、「本土」のいわゆるリベラルないし左派系のメディアにおいて、県外移設＝基地引き取りの問題提起を拒まれた経験である。拙著『犠牲のシステム　福島・沖縄』第四章で行なった新城氏の県外移設論批判に対する反論の原型は、もともとある思想雑誌の寄稿依頼に応じて書かれたものだったが、雑誌編集

〔7〕新城郁夫「『わたしたちは負け方を知らない』　国、警察＝軍は、退く以外の道はない」図書新聞、三三三六号、二〇一六年一月一日。同『沖縄に連なる』、二一九頁。

部は内容が基地引き取りを主張していることを理由に掲載を拒んだ。沖縄のデリケートな論争に「本土」の雑誌が介入するのは望ましくないとも言われたが、私が論じた新城氏の県外移設論批判自体が当の雑誌に掲載されたものであるし、その後もその雑誌は、新城氏の県外移設批判論を繰り返し掲載しているのに、である。寄稿、インタビュー掲載、対談等で二十有余年も関係の続いていた雑誌のこの対応には驚くほかはなかった。新城氏の県外移設批判は、当の雑誌において反論を受ける恐れのないまま展開されているのである。

また、某政党の準機関誌とも言える雑誌が「沖縄特集」を組み、「基地のない島へ　私の思い」というテーマで寄稿依頼を受けた際、私は基地引き取りにかける「私の思い」を綴った。引き取りが日米安保解消に向けた筋道であることを強調したのだが、しかし引き取りの主張は掲載できないとして断られた。同様の経験はほかにもある。沖縄への基地押しつけに批判的なリベラル・左派系のメディアにおいて、県外移設＝基地引き取りの言説への「抑圧」が感じられるのである。

二　強いられた「過酷」と「犠牲」

本論に入ろう。

新城氏は、岡本恵徳氏の語る「やさしさ」を、「みずからを過酷に曝すような『犠牲』への道に決して赴かないという強靭な覚悟であり、同じ覚悟において自分以外の他者のいかなる過酷と犠牲をも許さないという意志である」と捉え、これを根拠に、県外移設＝基地引き取り論を批判する。だがこの批判は空振りに終わっていると言わざるをえない。というのも、この批判において県外移設は、沖縄が被っている（被ってきた）のと「同様の」「過酷」と「犠牲」を沖縄が「本土」に「強いる」ものとして表象されているからだ。「施政権返還に関する『沖縄協定』についての沖縄の拒絶」を、岡本氏はどう表現しているのか。最初にこうある。「沖縄の政治的・社会的な過酷な状況を、他の地域に、あるいは本土に波及させることを拒否するものであり、**沖縄の自らの担っている過酷を、他のいずれかに肩代わりさせること**を沖縄の自らが容認しないという意志の表明」。次にこうある。「沖縄の担わされている状況を峻拒することは、同時に、沖縄以外の誰もが**そういう犠牲**（もしその言葉が言えるとすれば）を担うことを沖縄は許さないのだとする意志の表明」。そして「『本土の沖縄化に反対』すること」については、よりはっきりしている。「みずからの担っている過酷な状況を拒否するとともに、そのことを通してみずから以外の**本土の誰かが、みずからの担っていると同様の過酷を担わされること**に反対すること」。

もしも新城氏が、今日の県外移設＝基地引き取り論をこの岡本氏の認識に重ねて理解しているのであれば、そもそも県外移設＝基地引き取り論を誤解していると言わざるをえない。県外移設＝基地引き取りによって、沖縄は自らの「過酷」を「本土」に「肩代わりさせる」のではないし、「本土」は沖縄と「同様の過酷を担わされる」のでもない。安保条約は沖縄の人びとが日本国の国政の枠から排除されている時代に締結も改定もされ、まさに沖縄返還協定により沖縄の民意に反して押しつけられたものである。米国施政権下の時代も含めて、「本土」は自ら求めた米軍基地の「過酷」を沖縄に「肩代わり」させてきたのであり、その「過酷」を沖縄に「担わせ」ながら安保体制を政治的に選択し続けてきたのである。今や、「本土」の九割に近い圧倒的多数の有権者が支持する安保体制のもとで、七割以上の在日米軍専用施設が沖縄に押しつけられている。県外移設＝基地引き取りは、「本土」がその政治的選択によって本来負っている責任を果たすだけのことであって、沖縄の「犠牲」や「過酷」を「肩代わり」するものではけっしてない。自ら選択したことの結果を、他者に強いられた「犠牲」や「過酷」とは言わない。

逆に沖縄からすれば、「日本人よ、今こそ沖縄の基地を引き取れ」と要求することは、「本土」に「犠牲」や「過酷」を押しつけることではない。被害者が加害者に加害行為をやめさせることは、被害者が加害者の加害者になることではないからだ。ところが新城氏は、県外移設を否定するみずからの立場を、「**他者が強いられた過酷を許さないために自己が強いられた過酷を『峻拒』する**」と表現する。しかし、沖縄の「過酷」は間違いなく他者に「強いられた」ものだが、「本土」に米軍基地があるのは「強いられた過酷」ではなく、自らの政治的選択であり、基地を引き取るのも、そのように沖縄が「強いる」のではなく、「本土」が自らの選択に責任を負うことにすぎない。そもそも沖縄が「本土」に「過酷」を「強いる」権力をもたないことは明らかである。

「過酷」とは何か。岡本氏は一九七二年五月の時点で、沖縄返還協定に対する沖縄の拒絶を、「沖縄の政治的・社会的な過酷な状況を、他の地域に、あるいは本土に波及させることを拒否する」意志として捉えていた。「みずから以外の本土の誰かが、みずからの担っていると同様の過酷を担わされることに反対すること」として認識していた。私はこの認識にいかなる異論ももたない。しかし、沖縄返還によって、実際に「本土」にいかなる「過酷」が波及したのか。沖縄返還以前の「沖縄の政治的・社会的な過酷な状況」が、どのように「本土」に波及したのか。「本土」の人間が、沖縄が「担ってい」たのと「同様の」「過酷」を、現実に「担わされる」ようになったのか。

結果として、そのようなことにはならなかったように思われる。沖縄と「同様の」「過酷」が「本土」に波及することはなかった。むしろ現実に起こったことは、「本土」では米軍基地が縮小される一方、沖縄の基地は固定化され、沖縄の基地負担率が増大したこと、そしてその間、「本土」が九九%を占める全国の有権者の安保体制支持率が高まり、今日に至っていることである。安保支持率は一九九〇年代後半にはほぼ七割を超え、二〇一〇年代には八割を超える。共同通信社の「戦後70年全国世論調査」では、「日本は戦後、米国と日米安全保障条約を結び、同盟関係を築いてきました。あなたは日米の同盟関係をどう思いますか」という問いに対して、「今よりも同盟関係を強化すべきだ」が二〇％、「今の同盟関係のままでよい」が六六％、「同盟関係を薄めるべきだ」が一〇％、「同盟関係を解消すべきだ」が二％という結果であった〔8〕。沖縄と「同様の」「過酷」が「本土」に「強いられ」ていたら、このような結果になることはなかっただろう。たしかに「本土」にも基地被害はある。反基地運動もある。だが圧倒的多数の「本土」日本人は、基地被害を感じることのない環境で生活し、「日米安保条約は日本の平和と安全に役立っている」という受益者の意識を抱いて、安保体制を支持しているのである。

新城氏は言う。「米軍占領を現状として『そのまま継続していこう』とするところに沖縄返還の目的があり、それは『暫定』あるいは『潜在』という形で、占領形式が法政治的に日本国家のなかに日本国家によって導き入れられたことを意味する。つまるところ、沖縄返還は沖縄を介した日本占領の再編あるいは更新であったということである」〔9〕。この意味で、「沖縄が『復帰』した『日本』は、沖縄の予想を遥かに超えて『沖縄化』した米軍布令支配区域だったのであり」、「『核抜き、本土並み』という沖縄の人々の『復帰願望』が砕かれ呑み込まれた先は、『核つき沖縄並み』の日本であったと言えるかもしれない」〔10〕等々。こうした認識についても、私は特に異論をもつものではない。しかし問題は、**そのような意味で**「沖縄化」した「日本」も、**そのような意味で**「核つき沖縄並み」

である「日本」も、圧倒的多数の「本土」日本人にとっては何ら「過酷」ではなく、「平和と安全」という利益をもたらすものとして肯定されていることなのだ。

新城氏はこうも言う。「沖縄返還を通して、『本土』と『沖縄』のいずれもが、旧来の政治的軍事的意味合いを完全に変えたことであり、端的にいうならば、『本土と沖縄』という地政学的二項対立は融解し、そのいずれもが米軍自由使用区域となり、そしてアメリカの集団的自衛の『基地』となった事実である」(11)。もとより、「本土」と沖縄のいずれもが「アメリカの集団的自衛の『基地』」となってきた事実は重要である。私自身、新城氏も援用する中野重治の認識、すなわち沖縄返還以前から、「『沖縄県をふくめた日本全土』そのものが、沖縄についての『本土』日本の『潜在主権』という言葉をつかって、二十五年来『アメリカの出撃基地、核かくし基地として提供』されてきたのではなかったのか」(12)という認識を重視しつつ、日米安保体制の解消をめざすべき最大の理由をここに見ている。だが問題は、繰り返していえば、そのような状況にあってなお、「本土」有権者の

(8) 琉球新報、二〇一五年七月二二日。
(9)『沖縄に連なる』、一三―一四頁。
(10) 同書、一五頁、一七頁。
(11) 同書、一五頁。

多数が日米安保体制を選択し、肯定してきたことなのである。

三　岡本恵徳氏と「日本の沖縄支配」

右の引用文でも他の個所でも、新城氏は安保体制下の「本土」と「沖縄」を二項対立的に捉えることに反対している。「沖縄を特殊化すること」を批判し、「沖縄が特殊でありえないこと」を主張する〔13〕。しかし、安保体制という「一つの体制」のなかで両者が完全に「分離された領域あるいは領土」でありえないことは当然としても、だからといって、両者が「一つの体制」のなかで「融解」し、沖縄の「特殊性」が消えてしまうかのように言うのはいかがなものか。

普天間飛行場返還の代替施設が、なぜ沖縄県内になければいけないのか。そもそも、なぜ沖縄の基地負担率が異常なまでに突出しているのか。そこに安保体制下における沖縄への構造的差別があったし、今もあることは明白である。「本土」と沖縄が安保体制においては軍事的・政治的に「一つの体制」であることと、この体制のなかで、沖縄が「本土」の基地負担を肩代わりさせられ、他の地域にまったく類例のない「特殊な」基地集中の地とされてきたことは、何ら矛盾することではない。新城氏が、『沖縄と本土』の対立を煽りつつ対立を保持し、これを一つの体制のなかに包摂する政治＝軍事的な同質空間が発明されたのである」(14)と書くとき、沖縄と「本土」の対立は、「本土」ではない何者か(米軍?)によって、「本土」には責任のない仕方で作り出されたかのような印象を与えるが、「本土」の差別的な基地政策とそれを容認してきた有権者がこの対立を作り出してきたことに疑問の余地はない。また氏が、「沖縄と日本を『それぞれ引き離されて固定された』ものとしてではなく、それぞれが深く相互規定しあう様態において批判的に再考していく必要がある」(15)と書くとき、「相互規定」という表現は両者の作用力が接近しているかのような印象を与えかねないが、米国との関係を前提しつつ、日本が沖縄に圧倒的な権力をもって基地を押しつけてきたことを否定することはできない。

安保体制という「一つの体制」のもとに、「本土」の責任であるべきものが沖縄に犠牲として押しつけられ、「本土」による沖縄差別の構造が存続してきた。加害者「本土」と被害者「沖縄」の関係が作られてきた。この関係を解消し、公正な関係を作り出そうとす

(12) 同書、八頁。
(13) 同書、一〇頁。
(14) 同書、五頁。
(15) 同書、一〇頁。

ることは、基地問題を国内問題だと誤解することではない。新城氏は「米軍基地を国内問題の枠でハンドリングできるという妄想的前提」[16]を批判し、岡本恵徳氏の『日本国家』を相対化するということ」から次の個所を引用する。

沖縄は「日本国家」からはみだしたところで、沖縄に対する「日本」の対応のありかたを、米国の施策との関連を中心とした国際的な動きの中で見ることを可能とするような事情もあった。朝鮮戦争や、台湾海峡、更にはベトナム問題というような、国際的な動きが、直接的に沖縄にかかわっており、それが沖縄の人たちの日常の生活の上にもじかに影響するものであったから、沖縄に関する日本政府の施策を絶対化し固定的に捉えるのではなく、いわば多構造の国家間の諸関連のもとでそれを捉えるとらえかたを身に付けることになった。日本国家といえども、そこでは、主として米国とのかかわりでその施策を行なうところの相対的な存在でしかないように受けとめられたのである[17]。

たしかに重要な一節であり、あらためて教えられる思いがする一節である。だが、右の引用の冒頭の一文は、新城氏が省略した「また他方には、」で始まっている。「**また他方には**、沖縄は『日本国家』からはみだしたところで、沖縄に対する『日本』の対応のありかたを、米国の施策との関連を中心とした国際的な動きの中で見ることを可能とするような事情もあった」というのである。つまり岡本氏によれば、沖縄が日本国家を相対化する視点を獲得するに至ったのは、日本政府の政策を「米国の施策との関連を中心とした国際的な動きの中で見ることを可能とするような事情」があったからだけではない。そのような事情も**あった**が、しかし岡本氏が右の一節の前後ではるかに多くの紙幅を割いて論じているのは、もう一つの事情である。日本による沖縄の「差別的支配」がそれだ。

岡本氏は、「『日本を相対化する視点』」が「明治の〈琉球処分〉以後、強く沖縄の人達を捉えてきた『沖縄人意識』と無縁ではない」(18)として、それが戦前にまで遡る背景をもつことを確認したうえで、「戦後世代」にとってはむしろ「戦後の体験」が大きいとしてこう述べる。

そのような戦前・戦中の差別の体験を持たないぼく(たち)が、日本国家を相対化しなければならぬという意識を抱くのは、戦後の体験に基づくことが大きい。[米軍

(16)同書、二〇頁。
(17)同書、二一―二二頁。
(18)岡本恵徳「『日本国家』を相対化するということ」前掲書、八七頁。

支配からの―高橋」救済願望の対象として求めたところの「日本国家」が、沖縄の苛酷な状況を何ら顧みることがない、ということが、不信を抱かせ、ひいては被差別の意識を生みだすことになる。戦前の差別の体験を持たないにしても、現実に人命までないがしろにする米軍の差別支配を直接的に受けているなかで、更に日本国家から差別されているという事実が、戦前の被差別の体験を現実のものとして追体験しうる状況をつくりだした(19)。

沖縄の戦後世代が「日本国家を相対化する視点」を得たのは、「日本国家から差別されているという事実」から来ることが明確に指摘されている。この文脈で、『本土』と『沖縄』を対置して捉える捉え方」について触れている個所も、注目に値する。一九七二年五月一五日をもって「異民族支配から同民族支配への転換」とする見方に対して、「主として『革新』的な人たちから」提起されている「異議」は、『本土』と『沖縄』を対置して捉える捉え方に対する疑問であり、批判ということであろう」とする岡本氏は、この「疑問」や「批判」に一定の正当性と根拠を認めるものの、むしろそれを超えた「沖縄の人たちの独特な意識」を擁護する。

数年前からしきりに行なわれた沖縄からの「本土」への告発は、差別的抑圧に加担していることに鈍感に無自覚である「本土」の人達に対する告発に他ならなかった。そのようなかたちで示される「沖縄」と「本土」を対置すべきではなく、共通に担うところの階級的な支配構造の問題としてとらえなければならないという論理は、現実的に根拠があるし、原理として正当性を持つということはいえよう。

しかし、そのような原理としての正当性と現実的な根拠の有無だけで律することのできないところに、歴史と戦争・戦後の体験につちかわれた沖縄の人たちの独特な意識があった〔20〕。

沖縄と「本土」を対置すべきではない、両者が「共通に担うところの階級的な支配構造」が問題なのだという、「革新」系の人々の論理は、戦前・戦後の「被差別の体験」に由来する「沖縄の人たちの独特な意識」を捉えきれない、と岡本氏は言う。沖縄の日本国家を相対化する視点の根底にあるものを捉えきれない、と言う。そして沖縄返還協定について、こう述べる。

〔19〕同書、九三頁。
〔20〕同書、八八頁。

さまざまな戦後体験の相乗作用が、いわば「日本国家」を相対化する視点をつくりだす、大きな要因となるのであるが、**それを決定的にした**のが、「佐藤・ニクソン共同声明」による沖縄返還についての協定であり、それにもとづく日米両国の対沖縄政策であったといえるだろう。

それはG・N・P世界第二位の経済大国に成長した日本が、新たな転換を行なうための礎石として、あるいは跳躍の踏台として、再び沖縄を差別的支配のもとにくみ込むことを意味するものであった。沖縄の人々が拒否してきた戦略基地としての沖縄の性格は却って強化され、沖縄の人々が自らの手で獲得したものの多くは、逆に奪い去られようとしているのであり、また現実に奪われたのである。このような「沖縄協定」に基づく**日本の沖縄支配のありかた**が、くりかえして述べてきたような、「日本国家」を相対化する視点をつくりあげるのに力があったといえよう〔21〕。

沖縄返還に関する岡本氏の認識は、ここに見る限り、それを「日本による沖縄再併合」として捉えるものに遠くなかったことが分かるだろう。言いかえれば、岡本氏において日本国家は、沖縄への支配権を完全に失った無力な存在として考えられてはいない。日本国家を相対化する視点の形成に「決定的」であったのは、「**日本の**沖縄支配のありかた」であり、「経済大国に成長した**日本が**」「再び沖縄を差別的支配のもとにくみ込むこと」としての沖縄返還だったのである。岡本氏が問題を「民族問題化」していたなどというのではない。まして、日本が米国の意思から自由に「沖縄問題」を処理できるなどというのでもない。ただ岡本氏の議論は、「本土」と沖縄の対立や沖縄の特殊性を薄めるようなものではなく、むしろ沖縄に対する日本の差別的支配とそれに対する沖縄側の拒絶こそが日本国家の相対化につながる点を強調するものだった、ということである。

「日本国家」を相対化するということは、同一の言語体系と均質の文化を担う同一民族による国家としての日本が、みずからを絶対化し、**異質の存在**を排除することでその秩序を保持していくという支配の構造を持つものであること、そしてそれを根底において転倒することによって、**沖縄に対する差別の支配を拒否しなければならないという発想に貫ぬかれているわけ**であるが、同時にそれは、かつて沖縄の人々が差別の支配のもとでもったような、自らの担う**沖縄としての特質の自己否定を余儀なくされた歴史を再び歩むことを拒絶し**、沖縄が沖縄であることを確かにふまえた上での本来持ち得る自由性を獲得しようという決意を示すものであるといえよう〔22〕。

〔21〕同書、九五頁。
〔22〕同書、九五―九六頁。

岡本氏においては、沖縄が「本土」とは「異質の存在」であること、「沖縄としての特質」をもつことが確認されている。そのうえで、「琉球処分」以来の差別の体験から「沖縄人意識」が形成され、それに戦後の被差別の意識が重なって、「国家としての日本に対する決定的な異和感」(23)、「『本土』の人達に対する告発」を含む「沖縄の人たちの独特な意識」となり、そこに「日本が」「再び沖縄を差別的支配のもとにくみ込むこと」になった「沖縄返還」が「決定的」な契機として加わって、日本国家を相対化する視座につながったことが明確にされている。戦後の米軍支配下で「曲りなりにも自らの手で自らの歴史を担ったという体験」が、「沖縄人意識をより強固にした」ことも重視されている(24)。だからこそ、日本国家を相対化する視座には、「沖縄に対する差別の支配を拒否しなければならないという発想に貫ぬかれている」と言われるのであろう。

四　公的責任の追及と「やさしさ」について

岡本恵徳氏がこのように記してから四十有余年。時代は変わった。変わらないのは、安保体制という一つの体制のなかで、日本が沖縄を差別的支配のもとに置いていることである。今日の県外移設＝基地引き取りの思想と運動は、さまざまな事情の変化を踏まえながらも、まさに「沖縄に対する差別の支配を拒否」するために展開されているものである。「安保反対」を唱えるだけでは、この沖縄に対する差別的支配自体を問うことはできない。沖縄差別自体を問うことができるのは、県外移設＝基地引き取りの思想と運動である。

この思想と運動においては、被害者の位置にある「沖縄人」と加害者の位置にある「日本人」とのポジショナリティ（政治的権力的位置）の違いが重視されている。新城氏の援用する岡本氏の議論でも、この違いが重視されているのは興味深い。最初に引用した文章の後半を一読すれば、そのことは明白である。岡本氏はそこで、「本土の沖縄化に反対する」という革新政党のスローガンに異議を呈した中野重治の言葉を、「沖縄を差別し沖縄と同じ様な状況に陥るのは御免だとする本土側のエゴイズムを鋭くえぐりだしたもの」だとし、「本土に生きる知識人の言葉として」高く評価する一方、それとは逆に「沖縄に住むぼくたちにとっては」、「『本土の沖縄化に反対』することこそ、正しいのである」と述べている。「本土」に生きる者の加害性と沖縄に生きる者の被害性を前提し、それを踏まえて出てくる思想の性格を問題にしているのである。

（23）同書、九一頁。
（24）同書、九四―九五頁。

念のために確認するが、岡本氏の言う「『本土の沖縄化に反対』すること」、つまり「沖縄の自らの担っている過酷を、他のいずれかに肩代わりさせることを沖縄の自らが容認しない」ということをもって、県外移設＝基地引き取り論を否定することはできない。県外移設＝基地引き取り論は、「本土」が自らは責任のない沖縄の「過酷」を「肩代わり」することではまったくなく、自らの政治的選択に伴う当然の責任を引き受けることにすぎないのだから。

加えて言えば、この「本土」の責任を問うこと、問われることをめぐっても、岡本氏の「『やさしい沖縄人』ということ」には貴重な示唆が含まれている。一九七一年一一月一〇日のゼネストの当日[25]、警備に当たっていた山川松三巡査部長の死に対して、「職責上での死」と「個人的な人格・品性の問題」とが癒着して捉えられ、「職責上の問題」が「解消」されてしまう傾向があったことに、岡本氏は批判の目を向ける。「職責上での死と、個人的な人格・品性の問題とは直接なんらのかかわりを持ち得ないにもかかわらず、その死が、個人的な品性や人格の高潔によって評価され、そのことによって死自体におのずから別種の意味が付加されること」は問題である。「このような発想のもとでは、たとえば政治的・社会的に当然引きうけなければならぬ公的責任を、その個人的な人格や品性の位相に還流させることで免罪することを容易に生ずるというべきであろう。公的責任を担うべき個人がそのとるべき責任者としての位置を離れ、私人として一個の人格や品性を問われる位相に身を移したとき、その個人の公的な責任の一切が免罪されることになりかねない」。したがって、「ある種の『やさしさ』が公的な責任を免罪する心情の基盤となっているのだとすれば、そのような『やさしさ』は否定されなければならない」というのである〔26〕。

この岡本氏の指摘は、個人の人格的(パーソナル)なアイデンティティの次元に属する事情によって、その個人が置かれている政治的権力的位置(ポジショナリティ)による責任は解除されない、ということとして理解することができよう。歴史的に形成されてきた「日本人」の政治的権力的位置に基づいて、ある個人が沖縄への基地集中という差別的政策から利益を得ているならば、その個人の加害責任を問うことは「公的責任」の追及であって、「やさしさ」の名のもとに否定されてはならない、ということになるだろう。

〔25〕岡本恵徳「『やさしい沖縄人』ということ」前掲書、七七頁。
〔26〕同書、七九―八〇頁。

第四章

基地をなくすことと基地を引き取ること

鹿野政直・新城郁夫『対談　沖縄を生きるということ』に寄せて

思想史家の鹿野政直氏と文学研究者の新城郁夫氏が『対談　沖縄を生きるということ』（岩波書店、二〇一七年）で、沖縄の基地の「本土」引き取り論への批判を展開している。沖縄研究で高名な鹿野氏と、その鹿野氏が現代沖縄の「ラディカルな思想家」〔1〕と評した新城氏による批判だが、私は説得されなかっただけでなく、引き取り論批判によく見られる論理的脆弱さを両氏の議論にも見出さざるをえなかった。以下では両氏の批判に応答しつつ、引き取り論の論点を明確にしておきたい。

一　基地をなくす――沖縄から？ 日本から？ 世界から？

まず、次のやり取りを読んでみよう。

鹿野　［略］私はどんなにつらくても、ともかく移設論というものには与（くみ）すまいと思っていた。日米安保の問題性はそのままで、単に基地を移しても解決にはならないという思いもあり、おっしゃったようなレイプ、暴力がついて回るという問題もあるから。だけども、今は先の見通しがないわけです。そして、移設論は違うと言うこと、それは本土エゴじゃないかと言われた時に、どう応答したらいいかという問題です。

新城　本当にこの問題は難しくて、確かにそれは本土エゴじゃないかという形で言われると苦しいかも知れません。しかし、それはエゴの問題ではないと思います。

鹿野　初めはこういう自分たちの苦しみをよそに渡したくない、というような議論を沖縄の人たちが立てておられて、本当に痛みを感じている人はそうなのだな、と思っていたけれども、やっぱりそれでは我慢がならなくなったわけですね。

新城　しかしですね、どうして一緒に基地をなくそうという闘いで共闘ができないのかと、私にはそういう疑問があります。それはやっぱりどちらにとっても譲ってはいけない点だと思います。エゴイズムかどうかという議論に短絡化されるとき、在日米軍基地あるいは基地・軍そのものが、内面の問題にすりかえられてしまいます。基地・軍は、引き取るとかいう覚悟の問題ではないはずです。むしろ、そのような内面化こそ、日米安保という統治性の効果として現れているのではないでしょうか〔2〕。

新城氏は、「どうして一緒に基地をなくそうという闘いで共闘ができないのか」と言う。しかし、「本土」引き取り論に対して一貫してこれを激しく批判し、「基地をなくす」運動

〔1〕鹿野政直「沖縄を考える」『社会文学』第四〇号、二〇一四年、四六頁。
〔2〕鹿野政直・新城郁夫『対談　沖縄を生きるということ』岩波書店、二〇一七年、四六―四七頁。

とは絶対に相容れないと論じてきたのは新城氏の方なのだ〔3〕。

ここでは「基地をなくす」という表現の意味を明確にする必要がある。これは少なくとも三つの意味でありうる。「沖縄から」基地をなくすのか、「日本から」基地をなくすのか、「世界から」基地をなくすのか。

基地引き取り論は、日本から基地をなくすことに賛成であってもなくても、また世界から基地をなくすことに賛成であってもなくても、まずは沖縄から基地をなくすことを優先する。

一方、鹿野氏が「日米安保の問題性はそのままで、単に基地を移しても解決にはならない」という理由で「本土」移設に反対するとき、氏が求める「解決」は「日米安保の問題性」の解決であり、日本から基地をなくすことであって、沖縄から基地をなくすことではなくなっている。

新城氏のように「基地・軍そのもの」が問題だと考えるなら、沖縄や日本からだけでなく世界から基地をなくさなければ「解決」にはならないだろう。だから沖縄から「本土」に基地を移しても意味はない、と言うのであれば、新城氏にとっても、問題は沖縄から基地をなくすことではなくなっている。

私は「日米安保の問題性」や「基地・軍そのもの」の問題性への批判については、おそらく鹿野氏や新城氏と共有している。ただ、両氏と違い、それらの問題性が解決されない限り沖縄の基地を「本土」に引き取っても意味がない、とは考えない。それらの問題は基地を沖縄に置いた状態でではなく、「本土」に引き取って「本土」の責任で解決されるべきだと考えるのだ。

二　なぜ沖縄がリスクにさらされ続けなければならないのか

鹿野氏は、「レイプ、暴力がついて回るという問題もあるから」引き取りはできないと言う。「レイプ、暴力がついて回るという問題」は基地がどこにあろうと同じだという前提に立つなら、鹿野氏は「本土」移設のみならず、「国外移設」にも、沖縄の米軍をどこに移すことにも反対せざるをえないだろう。

実際、新城氏はこう述べている。「差別を解消するために沖縄から米軍を日本本土に『移設する』、あるいは、アメリカ本土に返すというような形での解決が図られるのだとい

〔3〕さしあたり、高橋哲哉『沖縄の米軍基地　「県外移設」を考える』集英社新書、二〇一五年、第四章を参照。

う発想が怖いのは、たとえば、その移った先の地域で起きるレイプといった問題は全く考えられていないということなんです」(4)。

鹿野氏は、レイプという問題がついて回るから本土移設には反対だと言い、新城氏は同じ理由で、**米軍をアメリカ本土に返すことにも反対**だと言う。その結果、どうなるのか。どちらの場合も、沖縄の人たちがレイプの脅威にさらされ続けることになるのではないか。

言うまでもなく、米兵によるレイプ、性暴力を許すことはできない。これは私たちに共通の前提である。だが、米国本土における米兵の性暴力を抑止することは、第一義的には米国民の責任ではないか。それは、国際的な連帯で軍事性暴力に反対の声を上げることを妨げないし、現実にそうした連帯行動も盛んに行なわれている。

本国に帰った米兵が起こすかもしれない性暴力が耐えがたいものだとしても、それを阻止するために、なぜ沖縄の人びとが、これからも同じ暴力の(おそらくは米本国におけるよりもはるかに高い)リスクにさらされ続けなければならないのか。

米兵の性暴力による被害のリスクは、沖縄であれ、日本本土であれ、米国本土であれ存在する。では、なぜ、米国本土でそれを起こさないために、また日本本土でそれを起こさないために、沖縄の人びとが軍事性暴力の被害におびえ続けなければならないのか。

米軍を沖縄から「アメリカ本土に返す」ことにも反対する。これは、沖縄から基地をなくすことがただちに世界から基地をなくすことでなければならないとしたら、筋が通っているだろう。基地・軍隊が即刻廃止されるべきだとしたら、日本本土に移ろうと米国本土に戻ろうと、それが実現されないことに変わりはない。

「基地は沖縄にいらないだけでなくどこにもいらない」という理由で「本土」引き取りに反対する人や運動は、その論理で行けば米国本土への撤退にも反対しなければ筋が通らないことに、おそらく無自覚である。

三 「沖縄で米軍を終わらせるまで闘う」が本当に沖縄の願いか

新城氏は違う。「沖縄の闘いは、ここで基地をなくしたいということなんです。ここで戦争につながるあらゆることを、どこにも波及させることなく、繰り返さないためには、ここで終わらせる」[5]と明言する。

「ここで」終わらせるとは、「沖縄で」終わらせるということである。「戦争につながるあ

〔4〕『対談　沖縄を生きるということ』、四五頁。
〔5〕同書、四八頁。

らゆること」を、「米軍」を、沖縄で終わらせる。それゆえ**米軍を他所へ移すことは、米国本土へ撤退させることも含めて、認められない。**

さて、そうすると、この場合、沖縄への基地集中に反対するほうがよいのか、賛成するほうがよいのか。米軍が沖縄から出ていくことを許さず、米軍を沖縄に置いたまま戦争につながるすべてのものを終わらせるべきだとするなら、沖縄への基地集中という現状はむしろ歓迎すべき状態であることにならないか。

このような立場では、実は**安保解消にも反対せざるをえなくなる**のではないか。日米安保条約が終了すれば、在沖米軍を含む在日米軍全体が米国に撤退したり、他国へ移ったりするのだから。

米軍が沖縄から出ることを許さず、米国本土へ帰ることさえ許さず、「ここ」沖縄で米軍を「終わらせる」べきだとするなら、次のような帰結も避けられないだろう。すなわち、沖縄でこれまでになされてきた、そしてこれからなされるかもしれない、米軍撤退(海兵隊撤退であれ何であれ)を求めるあらゆる決議、アピール等に反対せざるをえない。県市町村レベルであれ、市民団体・個人レベルであれ、沖縄で米軍を解体せずに撤退を求めるようなあらゆる意思表明に反対せざるをえない。

要するに、沖縄が「基地なき島」に戻ることよりも、沖縄に米軍をとどめ置き、「ここで」米軍を解体するに至るまで、沖縄を恒常的な反基地闘争のもとに置くことを選択していることになる。はたしてそれが沖縄の人びとの願いであるのかどうか、はなはだ疑問である。

四　引き取り論は「内面化」ではなく政治的選択の問題である

鹿野氏が、移設論への反対は「本土エゴ」だと言われたときの応答を問うたのに対して、新城氏は、それは議論の「短絡化」であり、在日米軍基地の問題が「内面の問題にすりかえられてしま」うと答えている。「基地・軍は、引き取るとかいう覚悟の問題ではないはず」で、「そのような内面化こそ、日米安保という統治性の効果」だとして、引き取り論を批判している。

だが、引き取り論を「覚悟の問題」に切り詰めてしまうことこそ議論の「短絡化」であり、引き取り論の主張を「内面の問題にすりかえる」ことであろう。

引き取り論は「覚悟の問題」ではなく、あくまで理性的になされるべき**政治的選択**の問題である。県外移設（本土引き取り）か、国外移設か、在日米軍撤退（安保解消）か、在沖米軍現地完全解体か、等々、具体的な選択肢間の政治的選択の問題なのである。

問題を「内面化」する傾向は逆に新城氏の方に見られる。「内面化」はいけないと言ったそばから、氏はこう述べる。「もしそのような形で沖縄の基地が、沖縄の訴えによって本土側に移されたとした時に、沖縄の人間はうれしいだろうかと。私はつらいと思いますね。そしてそのつらさに耐えられるだろうかと」〔6〕。

こうも述べる。「『基地をもっていけ』と言いながらも苦しんでいるような沖縄の人たちに、そう言うんだから自分たちが引き取るよ、と言ってしまったら、沖縄の人たちの『いのち』の理念というのは全部奪われてしまって、基地は少なくなったとしても、そのあと沖縄の人たちに残るのは、深い空虚な感じだと思います。〔中略〕あの暴力装置を自分たちのところでなくさんがために、向こうにやったということ、それをどうやって背負い続けなければいけないのかと。私は御免なんです、そんなことは」〔7〕。

これが「内面化」でなくて何であろう。これらの発言では、「自分たち」と「よそ」「向こう」との間の政治的権力的関係がまったく明示されていない。だが、ここで問題になっているのは、もともと対等で政治的にイノセント(無垢)なAとBがいて、Aがたまたま不幸にも暴力装置の存在で苦しんでいるので、見るに見かねてBがその苦しみを代わって引き受ける、などという関係ではない。

五　基地とともに問題を解決する努力をも引き取る

基地引き取りがそんな自己犠牲の行為であるなら、A（沖縄）は自分の苦しみをB（本土）が何の責任もないのに引き取り、その結果自分が楽になったことで「つらい」と思うかもしれない。「深い空虚な感じ」にとらわれたり、「［暴力装置を向こうにやったことの負い目（?・）を］どうやって背負い続けなければいけないのか」と悩んだりするかもしれない。しかし、基地引き取りは自己犠牲ではない。差別者が差別をやめ、加害者が加害をやめるからといって、差別されてきた者、被害者が「つらさ」や「空虚」や負い目を抱え込む必要はないだろう。

基地引き取りは、日米安保条約を結んで米軍を日本に駐留させることを政治的に選択している日本「本土」が、それに伴う負担を沖縄に肩代わりさせることをやめ、自ら当然の

〔6〕同書、四七頁。
〔7〕同書、一二三―一二四頁。

責任を負おうとする政治的行為にほかならない。それは最低限の政治的責任をとることであって、引き取った負担をどうするかを含めて「本土」有権者の責任なのである。

確認しよう。基地引き取りとは単に基地や軍隊を引き取ることではない。それらが引き起こす**問題全体を引き取ること、それらの問題を解決する努力をも引き取ること**である。

軍事性暴力をなくすための行動は続けたい。ただそれを、基地を沖縄において続けるのではなく、「本土」に引き取って続けようというのだ。沖縄を差別しながらではなく、沖縄差別をやめて続けようというのだ。

六　基地廃止と基地引き取りは対立しない

鹿野政直氏は新城郁夫氏との対談を通して、ヤマト＝「本土」の人間としての責任にこだわっている。「知念ウシさんのような方にそれを突き付けられると相当ふらつくんですよ。また『本土』の各地で、現状に痛みを感じつつ基地引き取りの運動を起こしている方々のことを知ってもふらつく」〔8〕。しかし、「ふらつくのですが」、結局は、次のように述べて引き取りを拒否する。

再び、「基地を引き取れ」と言われた時どうするかという問題になるのですが、私は基本的には、「本土」の人間は、いかに苦しくてもそれを断っていくべきだと、ともかく。そして基地廃止という方向に向かって踏ん張っていくということ以外にないと思っているんだ。

基地移設論・移転論というものには、安保否定論では永遠に時間がかかってしまうのに対して基地移設論だったらすぐに実現できる、というような幻想を誘うという、変なからくりがある。しかし、現実にはそんなことは余計にできません。本土の人間が仮に、嘉手納基地と北部訓練場だけを引き取りましょう、そうすればそうとう平等に近いでしょう、なんて言って、「はいそうですか」とアメリカが聞きますか。

その意味で基地引き取り論は、アメリカに対して実に甘い見通しに立っている。だが実際には私たちは、日米安保条約というアメリカが仕組んで日本政府が呼応した鉄の環のなかにある。〔中略〕米軍の戦略は、徹底的に自国本位にその存在を賭けて、他国民をモノ視するほどの傲岸さをもって、すりよるこの国の指導層と利益共同体を形づくりつつ、がっちり「国民」を捉え込んでいる。議論が国内での基地のやりとりへとすべると、そういう米国の責任をそれだけ解除することになる〔9〕。

〔8〕同書、一二四頁。

鹿野氏はここでも「基地廃止」と「引き取り」を対立的に捉えているが、先に述べたように、両者は対立するわけではない。引き取り論は安保に賛成であれ反対であれ、まずは**沖縄の**基地廃止を優先するというだけである。この点を含めて、鹿野氏がここで引き取り論について述べていることにはまったく同意できない。

引き取り論が、安保廃止は「**永遠に**時間がかか」る(つまり**実現不可能**である)が、基地移設なら「すぐに実現できる」という「幻想」に人を誘うような「変なからくり」を仕掛けていると言うなら、実例を示してほしい。引き取り論にはそんな「からくり」はなく、安保廃止と基地引き取りを比較するなら引き取りを先に進める十分な理由がある、と判断しているにすぎない。

安保支持の世論は八割を超えて久しい。安保廃止を公言する政治勢力は極小化し、主要なマスメディアもすべて日米同盟支持である。近い将来、安保廃止を掲げる政権が誕生する可能性はきわめて小さい。

他方、沖縄への基地集中を問題視する世論は過半数に上り、沖縄の負担軽減のために一部を本土移設することについては、朝日新聞調査で九〇年代後半から賛成三割前後で推移していたが、二〇一〇年以降には半数前後が賛成している(10)。自民党政権では小泉首相、民主党政権では鳩山首相が本土移転を呼びかけている。

現状の日本で、安保を廃止せずとも可能な本土引き取りと安保廃止とでどちらに有利な条件があるかは明らかであろう。

七　アメリカの覇権を絶対化すべきではない

鹿野氏は、引き取り論がアメリカに対して「実に甘い見通し」に立っていると言うが、『はいそうですか』とアメリカが聞」くなどと安易に考えている引き取り論者は、一人もいないであろう。たしかに引き取りも簡単ではない。

しかし、鹿野氏自身、「私たちは、日米安保条約というアメリカが仕組んで日本政府が呼応した鉄の環のなかにある」と述べている。米国は「すりよるこの国の指導層と利益共同体を形づくりつつ、がっちり『国民』を捉え込んでいる」とも言う。安保の問題性を「ほとんど決定的に他人事」と感じるほど、安保に「がっちり捉え込まれた」国民のなかで、「鉄の環」を壊すことが引き取りよりも容易であると考える根拠は、どこにあるのだ

〔9〕同書、一二一―一二二頁。
〔10〕高橋哲哉『沖縄の米軍基地　「県外移設」を考える』、七六―七七頁参照。

ろうか。

「『はいそうですか』とアメリカが聞きますか」。これの別の言い方が、「そもそも米軍基地をハンドリングできると思っている時点でおかしいんです」(11)との新城氏の発言だろう。鹿野氏も、「アメリカも、そして特に『本土』の人間が[基地引き取りを]言う時には、そういう問題を自分たちでハンドリングできると思っているんだけど、傲慢なことだと思いますよね」(12)と同調している。

「傲慢さ」への非難は繰り返し出てくる。「私などは、基地引き取り論にもそのような傲慢さを感じるのです」(13)。「そんな意識には、自分は自分の意志で他者の負荷をハンドリングできるという傲慢さしかありません」(14)(いずれも新城氏)。

しかし、本土引き取り論者で、米軍基地を「自分たち」だけで移設できるなどと考えている人も一人もいないだろう。引き取り論がめざしているのは、引き取りの正当性を世論に訴え、議会の内外で可能な限り多くの意思を集めて、国内においても米国に対しても、それを政治課題として政治的に実現することである。

それがヒュブリス(傲慢)の罪であるなら、引き取り論は何を侮辱したことになるのか。まるで在日米軍や米軍基地は私たちの手の届かない神のごとき存在であり、それを政治的に動かそうとすること自体、不遜な思い上がりにすぎないと言われているようだ。「自分たちではハンドリングできない」がそういう意味ならば、安保廃止や日米地位協定改定を望むことも同じく「傲慢」であり、「実に甘い見通しに立っている」ことになってしまう。

新城氏は「日本に決定権や主権などはないんです」と主張する。「日米安保を含むあらゆる国内法と国際法、そして主権を超越している怪物」である米軍に対しては、日本の主権など何物でもないとの発言を繰り返している(15)。しかし米軍の覇権を絶対化しすぎると、基地引き取りのみならず安保廃止も地位協定改定も夢物語になってしまうだろう。

周知のとおり、安保体制は日米安保条約第一〇条によって政治的に解消することが可能である(16)。在日米軍基地の整理・縮小、海兵隊の国内外への移転や撤退、訓練移転などをめぐって、最終権限は米軍にあるものの、日米間で協議された歴史もあり、日本側の要求が通ったケースもある。鳩山首相の普天間飛行場県外移設の方針がもっとよく準備され、民意の支持を得て米国との交渉に臨めていたら、米国に認めさせることが不可能だったと

(11)『対談　沖縄を生きるということ』、四六頁。
(12)同書、一二四頁。
(13)同書、一二三頁。
(14)同書、一〇七頁。
(15)新城郁夫・丸川哲史「対談　『世界史の中の沖縄』を考える」図書新聞、三一八〇号、二〇一四年一一月一日。
(16)本書三一頁の注(13)を参照。

は言い切れない。

「主権」なるものがどこかに実体としてあるわけではない。それは不可分で無制約的なものと想定されるのが常だが、現実には不可分でも無制約的でもなく、無数の諸力が絡み合い作用し合うなかで一定期間、一定の領域で支配的になった力にすぎない。その力を凌駕(りょうが)する別の力が現われれば、絶対と見えた主権の絶対性はたちまち失われる。

主権か非主権か、主権1か主権0かの問題ではなく、自らの力を政治的に行使して、「主権」あるいは「覇権」の名において確定されているかに見える法的関係を変革していく意志があるかどうかの問題なのだ。

日本国に「主権がない」のは、政府が「対米従属」的な現状に利益を見出し、政治的な力を米軍に対して発揮しようとしない限りにおいてでしかなく、そんな政府の態度を国民多数が容認している限りにおいてでしかない。「主権者」国民がその政治的な力を発揮して政府の態度を変え、国民多数の意思を背景に政府が米国とタフな交渉を行なえば、沖縄基地の本土引き取りも安保解消も可能性が見えてくる。

非暴力抵抗運動も、集会やデモ等の大衆行動も、報道や言論やその他の公的活動も、日米両政府もしくはそのどちらかを動かして政治的決定を引き出すことができない限り、安保解消の実現には至らない。基地引き取り論は、そうした政治的プロセスを起動させるべく世論に呼びかけることを始めたのである。

八　地位協定改定と引き取りを同時に進める

さて、自ら「鉄の環」と称してその堅牢さを強調する日米安保体制に対して、鹿野氏はこれをどのようにして「廃止」するというのだろうか。

「本土」の人間として、基地廃止をめざすのなら、むしろ逆に、安保条約が国民生活を実態面で規制している日米地位協定の改定を、それぞれの地域の人びとの次元、また自治体の次元で手を組んで、要求してゆくことではないかと思う。それが、米国の手先同然の日本政府を矢面に立たせ、ひいては米国の姿を浮び上がらせ、日米安保の再検討からその廃止にいたる道筋になる。同時に、いまの瞬間においてわずかでも、沖縄を他人事とする姿勢を改め沖縄につながる営為になると思います。いうことはまどろっこしいけれど、「基地移設論」への対案ということでいえば、「地位協定改定要求案」です。それが「国民」としての責任だと思う〔17〕。

〔17〕『対談　沖縄を生きるということ』、一二二頁。

鹿野氏は基地引き取りを否定して、日米地位協定の改定がその「対案」だと言う。基地引き取りと地位協定改定を二者択一で捉えていることになるが、しかしこの両者も決して対立しているわけではない。

基地が沖縄にあろうと「本土」にあろうと、米軍に治外法権的な特権を認める地位協定は、即刻改定される必要がある。引き取り論者でこれに反対する人はいないであろう。ところが、鹿野氏はその要求を「対案」として語るのであり、地位協定の改定と基地引き取りを同時に追求することができるのに、引き取りだけは拒むのである。

問題は、仮に地位協定がどんなに「改善」されたとしても、沖縄への基地集中が続く限り、沖縄が本土の負うべき負担とリスクを肩代わりさせられている状況は変わらない、ということである。地位協定が「改善」されればされるほど、「安保の問題性」が見えにくくなり、安保や基地のことを「あれは沖縄のことだ」、「他人事だ」という空気がかえって強まる可能性もある。つまり、日米地位協定の改定は必須のことではあるが、それによって沖縄への構造的差別が変わるわけではないのだ。

新城氏はどうか。「私も、鹿野さんがおっしゃる通りと感じます。というのも、基地移設論では、日米地位協定という日米安保体制の根本的な問題が問えないと思うんです」〔18〕。

この発言には驚いた。安保体制どころか米軍そのものを沖縄で「終わらせる」とまで宣言する新城氏であれば、日米地位協定の「改定」は米軍の日本駐留を認めることになるなどとして、評価しないだろうと思っていたからだ。

実際、新城氏はなぜ、日米地位協定の「改定」を支持することができるのか。氏の立場からすれば、「改定」ではなく「破棄」でなければならないのではないか。

日米地位協定とは、言うまでもなく、日米両国が在日米軍の地位や在り方に関して**主権の配分**を定めた法規である。なぜそれが問題かと言えば、裁判権や基地立ち入り権などの問題に露わなように、日本の主権が制限されているために、日本の領域内にもかかわらず米軍の特権が治外法権的に認められ、米兵の犯罪や米軍の事故に際して日本側が適切な対応をとることができず、住民の基本的な生存権すら守れない状態にあるからだ。

地位協定の「改定」とは、したがって、不平等条約の改正のごとく、**日本の主権を回復する**という性格を帯びざるをえない。市民は地域から自治体から要求を挙げていくとしても、「改定」は政府の行為として、国家の主権行為として行なわれるのである。

ところが新城氏は、国家主権に関して徹底した否定の態度をとり続けている。それなのに、なぜ、地位協定の「改定」という主権回復の行為を支持することができるのか。

〔18〕同書、一二二頁。

新城氏は、日本に主権はないと言うだけではない。主権の回復にも否定的である。「僕は、日本を主権国家と思っていません。単にアメリカの衛星国ですからね（笑）。独立性を回復して主権国家になってほしいとも思っていません。日本に生きている全ての人の安全が守られるならば、国家装置としての日本は穏やかに滅んでいってくれていいと思います」〔19〕。「こうした日本のアメリカ従属を嘆き、これを『日本の真の独立』で乗り越えようとする思考や行動もまた、アメリカ覇権の効果でしかない点を忘れてはならない」〔20〕。新城氏は、およそ国家主権一般を拒否する立場をも表明している。沖縄の「主権」構築や「主権国家としての独立」に新城氏が激しく反対するのも、その立場ゆえである〔21〕。

日本に主権を認めず、主権回復にも否定的で、およそ主権一般に拠ることを拒否しておきながら、日米地位協定の「改定」という主権国家の行為に賛同するのは筋が通らないのではないか。実は、地位協定の「改定」が主権国家の行為であるだけではない。地位協定の「破棄」もまた、主権国家の行為であらざるをえない。それは、安保条約の破棄が主権国家の行為であらざるをえないのと同じである。

確認したい。基地引き取りは、日米地位協定の改定とも、日米安保体制の解消とも矛盾しない。それらの必要を理由（口実）として、沖縄からの基地引き取り要求を拒むことはできない。沖縄に基地を押しつけている現状は、一日も早く終わらせなければならないからである。

〔19〕新城郁夫・丸川哲史「対談　『世界史の中の沖縄』を考える」図書新聞、三一八〇号、二〇一四年一一月一日。
〔20〕新城郁夫「来たるべき政治とは何か　戦争への闘いは始まったばかりだ」図書新聞、三三二一七号、二〇一五年八月一日。のちに「生の条件としての反戦」として同氏『沖縄に連なる　思想と運動が出会うところ』岩波書店、二〇一八年、二〇九—二一一頁に所収。
〔21〕次章を参照。

第五章

「琉球共和社会」と脱国家の論理について

来たるべき政治とは何か。それは、国家の論理を留保なく拒否する政治である〔1〕。

新城郁夫氏は基地引き取り論を一貫して拒否しつつ、こう宣言する。その立場で、国家の主権行為である日米地位協定の改定や日米安保条約の解消を、なぜめざすことができるのか。この疑問については前章に記した。

ここでは、引き取り論をめぐる議論はひとまず措いて、氏の「来たるべき政治」とはどのようなものかを見ておきたい。

新城氏は沖縄独立をめぐる議論において、「国家の論理を留保なく拒否する政治」の立場を鮮明にしている。というのも、氏は沖縄が日本から離脱することを求めるものの、国家としての沖縄独立には強く反対するからである。「私は、沖縄は日本国家からの離脱という選択を実践していくべきだと考えている。しかし、私が考える離脱は国家システムからの離脱であって、独立論とは異なる。逆に私は、生存権の更新とその実践の場たる沖縄の変革のためには、琉球民族主体の国家独立という選択は、真っ先に排除されるべきと考える」〔2〕。

ここから氏は、自ら大きな影響を受けたと言う反復帰論の論客である新川明氏の独立論を批判し、論争となった〔3〕。新川氏と同じく国家としての独立をめざし、「琉球民族独立総合研究学会」に集った松島泰勝氏、渡名喜守太氏らとの論争も生じた〔4〕。

沖縄の国家としての独立とは異なる、日本国家からの離脱とは何か。それを示すために新城氏が拠り所とするのは、川満信一氏の「琉球共和社会憲法C私(試)案」(以下、川満憲法試案)である。新川氏とともに反復帰論の論客の一人であった川満信一氏が一九八一年、『新沖縄文学』誌上に発表したこの憲法試案は、沖縄の独立を国家ならぬ「共和社

〔1〕新城郁夫「来たるべき政治とは何か　戦争への闘いは始まったばかりだ」図書新聞、三二一七号、二〇一五年八月一日。のちに「生の条件としての反戦」として同氏『沖縄に連なる　思想と運動が出会うところ』岩波書店、二〇一八年、二〇九―二一一頁に所収。

〔2〕新城郁夫「新川明氏への疑問」『けーし風』第八〇号、二〇一三年、六八―七一頁。同氏『沖縄に連なる』、一七九―一八五頁。

〔3〕新川明氏の「『琉球独立』論をめぐる雑感」(『うるまネシア』第一六号、二〇一三年、九〇頁以下)に対して、新城郁夫氏が前注〔2〕の「新川明氏への疑問」で応答。以後、新川氏「続『琉球独立論』をめぐる雑感――新城郁夫氏の『疑問』に答える」(『うるまネシア』第一七号、二〇一四年、一八頁)、新城氏「琉球独立論の陥穽」(『けーし風』第八二号、二〇一四年、六四―六五頁。同氏『沖縄に連なる』、一九二―一九五頁)、新川氏「『琉球独立論』をめぐる雑感(補遺)」(『うるまネシア』第一八号、二〇一四年、一二頁)、新城氏「琉球国の主権というお化け」(『けーし風』第八四号、二〇一四年、八四―八五頁。同氏『沖縄に連なる』、一九七―二〇〇頁)と続く。

会」への道として示したことで、特権的な位置づけを与えられるのである〔5〕。以下では、この憲法試案に依拠して沖縄の日本国家からの離脱の可能性を論じた新城氏の『沖縄の傷という回路』（岩波書店）第9章「琉球共和社会憲法試案という企てと脱国家　沖縄と広島と難民」〔6〕を検討する。

一　「琉球共和社会」の構想

川満氏の憲法試案は、第一章「基本理念」の劈頭（へきとう）で次のように宣言する。

第一条　われわれ琉球共和社会人民は、歴史的反省と悲願のうえにたって、人類発生史以来の権力集中機能による一切の悪業の根拠を止揚し、ここに国家を廃絶することを高らかに宣言する。

国家の廃絶は、国家によって正当化された強制力としての権力の撤廃であり、したがって一切の法律の廃棄である。

第二条　この憲法は法律を一切廃棄するための唯一の法である。したがって軍隊、警察、固定的な国家的管理機関、官僚体制、司法機関など権力を集中する組織体制は撤廃し、これをつくらない。共和社会人民は個々の心のうちの権力の芽を潰し、用心深くむしりとらねばならない。

国家の廃絶、法律の廃棄、権力の撤廃。見落としてならないのは、こうしたラディカルな決断が、「琉球共和社会人民」の「歴史的反省と悲願」から生まれたことである。第一章に先立つ「前文」は漏れなく引用されるに価する。

〔4〕松島泰勝「新城郁夫氏の論考への批判」(『うるまネシア』第一七号、二〇一四年、一八一頁)。新城氏「琉球独立論の陥穽」前出。松島氏『琉球独立論　琉球民族のマニフェスト』バジリコ、二〇一四年、一七五頁以下。渡名喜守太「新城郁夫氏の言説に対する批判」(『うるまネシア』第一八号、一七頁)。

〔5〕川満信一「琉球共和社会憲法C私(試)案」。初出は『新沖縄文学』第四八号、一九八一年、一六四頁以下。川満信一・仲里効編『琉球共和社会憲法の潜勢力――群島・アジア・越境の思想』未來社、二〇一四年、にも収録。

〔6〕新城郁夫『沖縄の傷という回路』岩波書店、二〇一四年、二〇一頁以下。初出は新城郁夫「憲法試案という企てと脱国家　沖縄と広島と難民」『年報カルチュラルスタディーズ』第一巻、二〇一三年、五一頁以下。

浦添に驕るものたちは浦添によって滅び、首里に驕るものたちは首里によって滅んだ。ピラミッドに驕るものたちはピラミッドによって滅び、長城に驕るものたちもまた長城によって滅んだ。軍備に驕るものたちは軍備によって滅び、法に驕るものたちもまた法によって滅んだ。神によったものたちは神に滅び、人間によったものたちは人間に滅び、愛によったものたちは愛に滅んだ。

科学に驕るものたちは科学によって滅び、食に驕るものたちは食によって滅ぶ。国家を求めれば国家の牢に住む。集中し、巨大化した国権のもと、搾取と圧迫と殺りくと不平等と貧困と不安の果てに戦争が求められる。落日に染まる砂塵の古都西域を、あるいは鳥の一瞥に鎮まるインカの都を忘れてはならない。否、われわれの足はいまも焦土のうえにある。

九死に一生を得て廃墟に立ったとき、われわれは戦争が国内の民を殺りくするからくりであることを知らされた。だが、米軍はその廃墟にまたしても巨大な軍事基地をつくった。われわれは非武装の抵抗を続け、そして、ひとしく国民的反省に立って「戦争放棄」「非戦、非軍備」を冒頭に掲げた「日本国憲法」と、それを遵守する国民に連帯を求め、最後の期待をかけた。結果は無残な裏切りとなって返ってきた。日本国民の反省はあまりにも底浅く淡雪となって消えた。われわれはもうホトホトに愛想がつきた。

好戦国日本よ、好戦的日本国民と権力者共よ、好むところの道を行くがよい。もはやわれわれは人類廃滅への無理心中の道行きをこれ以上共にはできない。

沖縄戦、米国施政権下の圧政、復帰後も続く軍事基地集中――。こうした沖縄の苛酷な歴史経験がもたらした日本国のみならずすべての国家的権力的なものへの不信、絶望。それがここには雄弁に表現されている。その不信と絶望の深さに対する想像力なしに、この宣言を云々することは安易に過ぎよう。

新城氏は第二条について、「この憲法試案は実定法にこそ抵抗し、法治という名の司法官僚専制そのものへの拒否を、法の普遍性から除外されてきた沖縄の歴史をふまえつつ明言している」〔7〕と評価する。「法の普遍性から除外されてきた沖縄の歴史」から、一切の法の廃棄へと至るのは適切か、そもそも川満憲法試案は一切の法の廃棄に成功しているか、などいくつも疑問はあるが、ここでは措くとしよう。新城氏は次いで、この憲法試案が「領土や法そして構成員への規定を意志的に回避し、これを流動化する点」を評価し、第八条、第十一条に注目する。第九条と合わせて引用しよう。

〔7〕新城郁夫『沖縄の傷という回路』、二〇二頁。

第八条　琉球共和社会は象徴的なセンター領域として、地理学上の琉球弧に包括される諸島と海域（国際法上の慣例に従った範囲）を定める。

第九条　センター領域内に奄美州、沖縄州、宮古州、八重山州の四州を設ける。各州は適切な規模の自治体で構成する。

第十一条　琉球共和社会の人民は、定められたセンター領域内の居住者に限らず、この憲法の基本理念に賛同し、遵守する意志のあるものは人種、民族、性別、国籍のいかんを問わず、その所在地において資格を認められる。ただし、琉球共和社会憲法を承認することをセンター領域内の連絡調整機関に報告し、署名紙を送付することを要する。

つまり、琉球共和社会は一切の法権力を持たないばかりでなく、固定した領土も領民も持たない社会である。この憲法の「基本理念に賛同し、遵守する意志のあるもの」はどこにいても、「人種、民族、性別、国籍のいかんを問わず」資格が認められる。国民国家の枠を超え、国境を越えて人民が社会を構成するこの徹底した開放性を新城氏は評価し、ここに「国家構想からこそ離脱する沖縄の政治的主体化の可能性」を、つまりは国家独立ではない沖縄の日本からの離脱の可能性を見る。

国家構想からこそ離脱する沖縄の政治的主体化の可能性を、ネイションによる統合に距離を置きつつ国家主権から逸脱していく者たちによる生の共同性のなかに見出していく点で、川満信一の憲法試案の先駆性は明らかである。人口が設定されえず、法や軍隊において国家装置内に囲い込まれる意味での領土を持たず、司法と官僚機構を持たないことを宣言するこの川満の憲法試案は、領土内部にネイションを配置するといった構想そのものを回避し、拡散する「人民」がそれぞれの生きる場で一つの社会構想に参加する方向性を打ち出している点で明確に、ナショナリズムを退けている〔8〕。

法律がない、権力もない、領土もない、領民もない、したがってネイション（国民）を形成することも、ナショナリズムを抱懐することもない「共和社会」。誰もが「いかなる資格をも」問われず、その構成員になりうる社会。

しかし、そのような社会を「**沖縄の**政治的主体化」として実現することは可能だろうか。

〔8〕同書、二〇七頁。

川満憲法試案の共和社会は「琉球」共和社会と名づけられており、「象徴的な」とはいえ「センター領域」として、奄美、沖縄、宮古、八重山というかつての琉球王国の版図とほぼ重なる地域を有している。新城氏が「沖縄の政治的主体化」、「沖縄の日本国家からの離脱」、「生存権の更新とその実践の場である沖縄」というときの「沖縄」は、この地域なのだろうか、あるいは現在の沖縄県なのだろうか。前者であれば現在の奄美、沖縄、宮古、八重山諸島の居住者で、後者であれば現在の沖縄県民で、琉球共和社会憲法の基本理念に賛同しない者はどうなるのか。さらに、そうした者が多数であったらどうなるのか。

似たような（似て非なる?・）疑問から、哲学者の萱野稔人氏は、琉球共和社会を沖縄に実現しようとするなら、「沖縄で、それに反対する人たちを物理的実力で抑え込むことで国家形成の運動を反復しなくてはならない」と論じた〔9〕。それに対して新城氏は、「国家装置とは異なる領土性と統治性をもつ『社会』が、その同じ場所で生起する国家形成運動と武力闘争関係に入る必然はどこにもない」と反論し、萱野氏の議論は「沖縄を否定的媒介として国民と国家とナショナリズムを擁護する倒錯」だと批判した〔10〕。新城氏によれば、この社会はあくまで「人的ネットワーク」〔11〕であり、いかなる領土化や国民化の野心も持たないから、国家（形成の運動）と衝突することなく、「国家横断的な連帯の運動体として国家内部に潜勢して一時的かつ局所＝拡散的に存する」ことができるのである〔12〕。

琉球共和社会は「**人的ネットワーク**」であるという。だとすれば、一見、多数か少数かは意味を持たないように見える。奄美諸島を含む「琉球」であろうと現在の沖縄県であろうと、その居住者の多数が賛同しなければ共和社会は成立しないというのではない。新城氏の言う「沖縄」で共和社会憲法に賛同する者たちがつながりあってネットワークを形成すれば、それがすなわち琉球共和社会であり、「沖縄の政治的主体化」の第一歩だというのかもしれない。そしてそこに、「沖縄」の（あるいは「センター領域」の）外にいながら共和社会憲法に賛同して署名した者たちがさらに加わって、ネットワークを形成する。こうしてできあがる「国家横断的な連帯の**運動体**」が琉球共和社会にほかならないのだ、と。

「人的ネットワーク」？　「連帯の運動体」？　だがそうすると、それは一般の社会運動や市民運動とどこが違うのだろうか？　たとえば、福島県民数名が日本の原発即時廃止を目標として市民運動を立ち上げ、その理念に賛同する者は人種、民族、性別、国籍にかかわらず居住地から運動に参加できるとして、この人的ネットワークを「福島共和社会」と

〔9〕萱野稔人『新・現代思想講義　ナショナリズムは悪なのか』NHK出版新書、二〇一一年、一〇九頁。
〔10〕新城郁夫、前掲書、二〇八頁。
〔11〕同書、二一一頁。
〔12〕同書、二一七頁。

名づける。国家を横断するこの「連帯の運動体」には、もとより法律もなければ権力もなく領土もなければ領民もない。したがって、ネイションもナショナリズムもない。一般の社会運動や市民運動にこうした例はいくらも見出せるだろう。新城氏が川満憲法試案に見出したものは、こうした人的ネットワーク、運動体とどこが違うのだろうか?

というのも、ここに賭けられているのは、**現実の**沖縄の政治的主体化であり、**現実の**沖縄の日本国家からの離脱であるはずだからだ。現実の沖縄——沖縄県であれ「センター領域」であれ——が日本国家からの離脱を果たし、国家独立ではなくとも政治的な主体となるためには、人的ネットワークとして連帯の運動体があれば十分だとはとうてい思われない。少なくとも、このネットワークへの加入者や共感者が多数となり、沖縄の(あるいは「センター領域」の)なかで日本からの国家独立ではない離脱をめざす民意が形成され、人民投票(referendum)を経るか経ないかは別として日本からの離脱宣言によって、**現実に**日本の国家権力から自由になることが必要であろう。そうでなければ、すなわち日本国家の一部にとどまったままの沖縄で比較的少数の者が人的ネットワーク=連帯の運動体をつくっているだけでは、いくら沖縄の外部にネットワーク=運動体が広がったとしても、現実の沖縄が日本国家から離脱したとも政治的に主体化したとも言えないだろう。そして、右のような形であれ別の形であれ、いずれにせよ沖縄の日本国家からの離脱のプロセスが始まるならば、日本の国家権力がそれを黙認するとは想像しがたい。日本政府との交渉が必要となるだろうし、場合によっては**抗争**が避けられないだろう。
ところが、である。新城氏の記述からは、こうしたプロセスを検討している様子はうかがえない。琉球共和社会は一貫して人的ネットワークとしての連帯の運動体として記述され、そのうえで次のように言われる。

私たちは、**国家と正面衝突する必要はまったくないし、してはならない**。私たちは共に生き延びていかねばならない。生き延びていくために**国家を**すり抜けつつこれを**放置し**、これが保有するあらゆる施設や財産あるいは諸機能を拝借し横領すればよいだけのことである。

その際、大切なのは、使い勝手がいいように、国家装置を原型をとどめぬよう小さな単位に切り分け接合し、ネットワークとして生成する空間を島々のつらなりのように結ぶ回路を無数に創ることである。そのときこの島々は避難都市という形態となるし、そこを移動する人々は、無条件の歓待を受ける権利が保障される〔13〕。

意外な言明である。新城氏が断言していたところによれば、「来たるべき政治」とは

〔13〕同書、二二七―二二八頁。

「国家の論理を留保なく拒否する政治」であった。それとこの言明はどのように整合するのだろうか。「国家の論理を留保なく拒否する政治」は、国家と「正面衝突」せずに生き延びられるのだろうか。あるいは、「国家を放置」して、ただ国家が保有する「あらゆる施設や財産あるいは諸機能を拝借し横領す」るようなあり方が、「国家の論理を留保なく拒否する政治」と言えるだろうか。琉球共和社会が「国家を放置」したとして、国家の側は「国家の論理を留保なく拒否する政治」を放置してくれるだろうか。

二　無条件の歓待は可能か

新城氏が川満憲法試案の「可能性の核心」〔14〕を見るのは、実はその第十七条においてである。第十七条は難民の処遇に触れている。新城氏によれば、川満憲法試案は「『難民』という政治的歴史的存在を社会的紐帯の根幹的な場所に見出し、そのことを通じて、ネイション＝ステイトから離脱し得る社会を構想する優れた試み」〔15〕にほかならないのだ。

第十七条　各国の政治、思想および文化領域にかかわる人が亡命の受け入れを要請したときは無条件に受け入れる。ただし軍事に関係した人間は除外する。また、入域後にこの憲法を遵守しない場合は、当人の希望する安住の地域へ送り出す。難民に対しても同条件の扱いとする。

この条文について新城氏は言う。

難民受け入れを**無条件のもとに**憲法に明記するということは、難民を琉球共和社会の根幹に捉えるということであり、同時に、難民の歓待権＝訪問権を**留保なく**保護するという宣言において、琉球共和社会は、国家主権あるいは国家間の覇権承認と異なる統治性を持つことを他の人民と社会あるいは国家に向けて約束しているということである。［中略］難民を、国家と国家そして国民と国家の間の亀裂のなかに包摂的に廃棄される存在とみるならば、その生存権を社会構想の中心に明記する行為において、川満の憲法試案は、ネイション＝ステイトの同一性にこそ亀裂を入れるのである〔16〕。

〔14〕同書、二〇七頁。
〔15〕同書、二〇一頁。
〔16〕同書、二〇八頁。

難民への**無条件の歓待**(unconditional hospitality)。難民の歓待権・訪問権の留保なき保護。これこそまさに「国家の論理を**留保なく**拒否する政治」の核心であるだろう。しかし、それを国家との衝突なしに貫くことができるかどうか、それが問題だ。

まず第十七条を確認しておこう。亡命の受け入れ要請は「無条件に受け入れる」と言っているが、この無条件性自体がすでに条件のもとにある。すなわち「政治、思想および文化領域にかかわる人」という条件付きであり、「軍事に関係した人間」は明示的に除外されている。たとえば北朝鮮(朝鮮民主主義人民共和国)の亡命兵士は受け入れられないのだろうか。それとも何らかの条件を付して受け入れるのだろうか。いずれの場合も「無条件の」歓待とは言えないだろう。また、「入域後にこの憲法を遵守しない場合は、当人の希望する安住の地域へ送り出す」と言われている。だが「希望する安住の地域」が容易に見出せないからこそ人は亡命し、難民となるのではないか。当人が「安住の地域」と思って「希望」しても、当の地域が受け入れを拒否した場合はどうするのか。無条件の歓待を標榜するなら、まさにそういうケースをこそ「送り出す」のではなく保護すべきではないのか。

第十七条を離れて考えてみてはどうか。難民を無条件に歓待するとはどういうことだろうか。

デリダがその綿密な考察を通して論じたように、「個人や家族や都市や国家がもっとも普通に実践しているもの」は「条件つきの歓待」である[17]。なぜなら、人が自分の部屋、自分の家、自分たちの町、自分たちの国に他者を受け入れるのは、「私たちのルール、私たちの生活様式、さらには私たちの言語、私たちの文化、私たちの政治システム等々に他者が従うという条件においてのみ」だからである。「私たちは、外国人、他者、異物を**ある程度まで**受け入れますが、しかし必ず制限があるのです。寛容［tolerance］とは、周到で用心深い、条件つきの歓待なのです」。

他方、「無条件の歓待」（デリダは「純粋な歓待」とも呼ぶ）とは、まさに右のような条件を一切つけずに他者を自分の部屋に、自分の家に、自分たちの町に、自分たちの国に迎え入れることである。私の部屋のドアを叩く他者に対して、「あなたは誰ですか」と尋ねてしまえば、それはすでに無条件の歓待ではなくなっている。私は他者の素性を知って、それにより部屋に迎え入れてよい他者かどうかを判断しようとしている。「あなたは誰ですか」と日本語で聞けば、私は他者が日本語を解することを想定しているが、当の他者は私が理解できない言語で応答するかもしれないし、沈黙したまま部屋に押し入ろうとする

〔17〕ジャック・デリダ「自己免疫：現実的自殺と象徴的自殺」J・ハーバーマス、J・デリダ、G・ボッラドリ『テロルの時代と哲学の使命』藤本一勇、澤里岳史訳、岩波書店、二〇〇四年、一九八頁以下。

かもしれない。それでも受け入れる、すなわち他者が「誰であるか」を知らず、知ることができなかったとしても、それでも受け入れるのが無条件の歓待である。
それゆえデリダは、無条件の歓待を「恐るべきもの」だという。

無条件の歓待が生ずる(take place［場をもつ］)ためには、**他者が来て、その場を破壊し、革命を起こし、全てを奪い、全員を殺害する**といったリスクを引き受けなければならない。［中略］それゆえ、交換と管理と条件とが善きものと悪しきものを区別しようとしなければならない。カントはなぜ、条件つきの歓待に固執したのか？　それは彼が、これらの条件なしには歓待は、野蛮な戦争や恐るべき侵略に転化しうることを知っていたからである。それらは純粋な歓待に内包されたリスクなのだ〔18〕。

このようなものだとすれば、私たちは無条件の歓待を実践できるだろうか。「**無条件の歓待を生きることは不可能です**」とデリダは言う〔19〕。無条件の歓待とは「不可能なもの」なのである。私たちが他者を歓待するためには、つまり私たちが部屋のドアを開け、家の玄関を開き、町や国を他者に開くためには、何らかの条件による限定を避けることができない。無条件の歓待を実践不可能にしてしまう「条件」とは、私たちが社会を持つための条件であり、私が「私の居場所」を持つための条件でさえあって、こう言ってよければ、私たちの生存を可能とする原暴力である。

無条件な歓待は、政治的なもの、司法的なもの、そしておそらくは倫理的なものに対して超越的です。ですが［中略］この無条件な歓待を実際的なものにすることなしには、なんらかの具体的な方法で限定的な何かを与えることなしには、私は扉を開けることができず、私自身を他者の到来に曝し、彼ないし彼女に何ものをも差し出すことができないのです。かくして、こうした限定によって無条件的なものが、ある条件のなかへ再び－書き込まれなくてはならないでしょう。**さもなくば何事も存在しません**〔20〕。

第十七条に戻るとしよう。琉球共和社会は難民・亡命者について、**憲法の遵守を条件として**受け入れるとしている。そもそも琉球共和社会の人民になるには「いかなる資格を

〔18〕Jacques Derrida, Hospitality, Justice, and Responsibility, in : *Questioning Ethics, contemporary debates in philosophy*, edited by R.Kearney, M.Dooley, Routledge, 1999, p.71
〔19〕ジャック・デリダ「自己免疫：現実的自殺と象徴的自殺」前掲書、一九九頁。
〔20〕ジャック・デリダ、同書、二〇〇頁。

も」問われないとしながら、「憲法の基本理念に賛同し、遵守する意志のあるもの」という前提条件がそこには付されていたのだった（第十一条）。憲法の遵守を他者の受け入れの条件とすることによってこの社会は、「他者が来て、その場を破壊し、革命を起こし、全てを奪い、全員を殺害するといったリスク」を排除し、かくしてあらゆる社会と同じく条件をつけることによって他者への扉を開いているのである。

さらに、この難民の歓待への問いは、共和社会が生き延びるためには「国家を放置」することが肝要だという認識をも疑問に付する。国家を放置していたのでは、条件つき歓待であるところの第十七条でさえ実践できないのではないか。

国家を放置したままであれば、琉球共和社会の「センター領域」は日本の国内にあることになる。どこか外国で政治的迫害を受けた者が琉球共和社会に亡命を希望しても、日本政府に拒まれてしまえば入国できず、共和社会の歓待を受けることはできない。歓待を実践するためには日本政府との交渉が必要であり、外交関係を優先して政府が強硬な態度を崩さなければ、国家と衝突することも避けられない。

新城氏が「私たちクィアが難民ではないということはありえない」と語りながら想起させている「ゲイのイラン人シェイダさん」〔21〕のことを考えてもよい。イラン・イスラーム共和国法による同性愛者迫害から逃れて一九九一年に来日、ゲイであることをカムアウトし、帰国すれば迫害の恐れがあることからＵＮＨＣＲが難民条約上の「難民」（マンデート難民）であることを認めたシェイダ氏（仮名）に対して、法務省は難民認定を頑なに拒絶し司法もそれを追認した（二〇〇五年一月二〇日、東京高裁判決）。高裁判決の二カ月後、第三国出国が実現し、シェイダ氏は日本を離れて北欧の一国に受け入れられた。

このシェイダ氏を琉球共和社会は難民として受け入れることができただろうか。「センター領域」であろうとなかろうと日本国内にシェイダ氏がいる限り、実際にもそうであったように、早晩日本の警察は彼を逮捕しようとするだろうから、それを阻止しようとすれば衝突はやはり避けられない。琉球共和社会が「国家の論理を留保なく拒否する政治」を実践してシェイダ氏を保護しようとすれば、「国家と正面衝突する必要はまったくないし、してはならない」とは言えなくなる。強制収容、裁判、その他どの段階においても、国家の論理との**批判的な交渉**なしにシェイダ氏の権利を実現することはできないだろう。

難民の無条件の歓待を語ることは自由である。しかし現実には、条件つきの歓待としてしか私たちは難民を歓待することができないのである。

〔21〕新城郁夫、前掲書、二二一頁。

三　生き延びるということ

新城氏の「来たるべき政治」の構想において「難民」は特権的な位置を占めている。それは氏にとって、難民が国家によって国家の内外に遺棄された存在だからであり、「国家と国家の間そして国民と国家の繋ぎ目において生きられる亀裂」〔22〕だからである。それによって難民は、「国民国家という制度への根源的な疑義」〔23〕を体現する存在となる。しかし、難民が国家によって国家の内外に遺棄された存在であるという事実から、「国家の論理を留保なく拒否する政治」の必要を導くことは妥当だろうか。とりわけ、「分配的正義や国民たる成員資格を満たす市民的デモクラシー」〔24〕を全否定することは適切だろうか。

再びシェイダ氏のケースから見てみよう。新城氏は述べている。

このクィア・ネイションのあり方は、ネイションとナショナリズムの国家的配置のなかにみずからが居るべき場所を要求することはない。承認を待つことなく自分たちの居場所を法を挑発しつつ創りだし、搔き消し、移ろい、「結局すべては適正配分の問題である」(平恒次)という前提を退ける。なぜなら、適正な配分システムのなかにクィアは場を持たないからである。「乱交」において繫がる私たちクィアが、意図的な不作為において国家に抹殺され、ネイションの内部に監禁されネイションに帰属させられながら死に放擲されていくとき、私たちクィアが難民ではないということはありえない。

私たちはここで、映画『ミルク』(ガス・ヴァン・サント監督、二〇〇八年)のなかで「私たちは難民だ」とつぶやく一九七〇年代アメリカ社会のなかのゲイの声を想起し、そして、文字通り必死の難民申請を日本政府に退けられ出国するしかなかったゲイのイラン人シェイダさんのことを、イスラムフォビアを能う限り警戒しつつ想起する必要がある[25]。

イランに強制送還されれば死刑の恐怖に曝されることになるシェイダ氏が、「必死の難

(22)同書、二二六頁。
(23)同書、二一七頁。
(24)同書、二二四頁。
(25)同書、二二一頁。

民申請」を続けたことは事実である。だがそれは、シェイダ氏が日本政府に難民としての**承認を求めた**ことにほかならない。行政訴訟を起こしたのもそのためであり、氏が一審で行なった最終意見陳述は「3年を越える歳月を、私は**待ち続けました**」と始まり、「裁判長殿」に「私は願っています、裁判所の判決が、恐怖も不安もなく、自由に生き、自由に愛することを学ぶ権利を、私に与えて下さることを」と訴えるものだった[26]。何も不思議なことではない。なぜなら、シェイダ氏は難民条約に基づくマンデート難民であり、日本は難民条約の加盟国なのだから、氏が承認を期待するのは当然であり、政府も裁判所も氏を難民認定することは可能であり、するべきだったのである。

シェイダ氏がその申請を「日本政府に却下され出国するしかなかった」のも事実である。だが彼が出国したのは、第三国(北欧のある国)に入るためであり、それが可能となったのは、さまざまな人的ネットワークや「連帯の運動体」の支援があったにせよ、最終的にはその国の政府がシェイダ氏を難民として受け入れることを決めたからである。つまり日本国家が認めなかったシェイダ氏の権利を**別の国家**が認めたのであり、シェイダ氏は国家の外に無権利のまま遺棄されたわけではないのだ。シェイダ氏の出国にあたって支援グループのメンバー(大塚重蔵氏)が発した「臨時声明」を参照しよう。

彼[シェイダ氏]が16年間過ごしたこの土地、日本の政府は、彼がこの国に住み続けることを頑なに拒否し、迫害が待ち受ける祖国に強制送還する決定を行い、1年と7ヶ月に渡って彼を収容し、その後も4年の長きに渡って、収容と強制送還の恐怖に彼を縛り付けた。裁判所は、二度にわたり、政府のその措置を是とする判決を下した。しかし、彼は2000年4月22日の逮捕以来、6年もの長きに渡って持ちこたえた。そしていま、彼は安定した在留資格とともに、ここではない、新たな安住の地を得ることができた。彼とともに、私たちは宣言する、私たちのこの闘いは勝利だった。

私たちはしかし、その勝利を、十分な喜びとともに祝うことはできない。むしろ、私たちは悲しみをすら感じている。〔中略〕この勝利は、私たちと彼との間に国境という分断線を引くことを前提にかちとられた。〔中略〕私たちと彼との間に引かれているのは、彼を難民として受け入れる政府を持つ土地と、彼を拒絶する政府を持つ土地との分断線である。この分断線を消していくこと、「十分に理由のある迫害の恐怖」に直面した者たちを難民として受け入れる、当たり前の政府を、自らの土地に持つことが、私たちの課題として残された〔27〕。

〔26〕第一審・東京地裁における第一二回口頭弁論最終意見陳述（二〇〇三年一二月一八日）。
http://www.kt.rim.or.jp/~pinktri/shayda/flower.html

シェイダ氏のケースからこの声明が引き出した「私たちの課題」は、「『十分に理由のある迫害の恐怖』に直面した者たちを難民として受け入れる、当たり前の政府を、自らの土地に持つこと」であって、国家や市民権の政治を全否定することではなかった。国家や法や権力を廃絶することでもなかった。映画『ミルク』で「『私たちは難民だ』とつぶやく一九七〇年代アメリカ社会のなかのゲイ」にとってハーヴェイ・ミルクが希望であったのも、ミルクが米国で初めてゲイであることを公言した議員となって、ゲイの権利を擁護する市民権の政治を展開したからであり、市民権の政治を否定したからではなかっただろう。

「大切なのは、政治的に『おかま』になり、曖昧な生のなかに留まりつつ、変化しつづけていく難民に私たちがなっていくこと」[28]と新城氏は述べ、「難民という生存の様式化」を提起している。難民を社会的存在のパラダイムとして、そこから国家の存在を「違法化」するという逆転した発想に基づいて、「難民の存在論」が構想される[29]。だがそこに、シェイダ氏が国家に難民としての保護を求めたり、ハーヴェイ・ミルクがゲイの市民的権利の獲得をめざしたりした行為の位置づく場所はあるのだろうか。パレスチナ難民がパレスチナ国家の樹立を求める要求の位置づく場所はあるのだろうか。

言うまでもなく、これは国家や市民権の政治を全肯定すべきだなどということではない。国家も市民権の政治も排除の暴力を内包しており、たえず排除の暴力を行使もしている。それを批判しなければならないことは当然である。しかし、無条件の歓待は不可能であり、琉球共和社会でさえ条件つきの歓待（共和社会憲法の遵守を条件とした歓待）以外にはなしえないのだとしたら、国家や法や権力の全否定へと飛躍するのではなく、**それらの暴力性を直視しつつ、批判的な関与と切断の営みをどちらも放棄せずに**続けていくことが必要ではなかろうか。

「私たち」は生き延びるために「国家と正面衝突する必要はまったくないし、してはならない」。「生き延びていくために国家をすり抜けつつこれを放置し、これが保有するあらゆる施設や財産あるいは諸機能を拝借し横領すればよいだけのことである」。これが新城氏の立場であった。新城氏は結局、国家を放置する道をとるのである。だが、国家を放置したまま公共の施設や財産を「横領」すれば犯罪となり、国家を放置しておきたくても国家の方が放置してはくれないだろう。国家はその警察権・行政権・司法権等をもって介入し、「来たるべき政治」を実践するものを犯罪者として断罪しようとするだろう。もとより「来たるべき政治」にとって国家に犯罪者とされることは何ら問題ではなく、むしろ望む

〔27〕大塚重蔵「喪失感とともにある勝利：闘いは続く〜シェイダさん第3国出国に当たっての臨時声明〜」二〇〇五年四月二日。
〔28〕新城郁夫、前掲書、二二九頁。
〔29〕同書、二一八頁。

ところであろう。なぜなら、この政治が開く共和社会においては、『犯罪者』たることは生存権の別名」とされているからである〔30〕。国家が「来たるべき政治」を犯罪視するならば、「来たるべき政治」は国家を「違法化する」。しかし、であればこそ、「来たるべき政治」が生き延びるためには国家を放置するわけにはいかないだろう。そこには「法」をめぐる対立が、抗争が、衝突が避けがたく生じるだろう。**生き延びるためには、国家の法と批判的に対決し、交渉し、それを変えていかなければならない。**

国家に向き合う態度について、デリダはこう述べている。

> ここで私が「応答責任」(responsabilité)と呼ぶものは、国家の脱構築(「理論的かつ実践的な」脱構築と言われたもの)に向けて、諸々のコンテクストや賭金の単独性にしたがって、ある場合は主権国家に賛成し、別の場合には反対するような決断を命じるものです。そこにはいかなる相対主義もありませんし、遺産を「思考」し脱構築せよという厳命のいかなる放棄もありません。[中略]私は状況に応じて反主権主義者であったり、あるいは主権主義者であったりすると言いましょう。——そして、こちらでは反主権主義者でありながら、あちらでは主権主義者である権利を要求します〔31〕。

脱構築ができるかぎり実効的であろうとすれば、私の見るところでは、国家と真っ向から一面的な仕方で対立すべきではありません。多くのコンテクストで、国家はある種の力や危険からの最良の保護でありえます。そして、国家は私たちが話題にしている市民権を保障することができます。このように、国家に対して可能な責任はコンテクストによって変わるのであって、このことを認識することは相対主義では全然ありません〔32〕。

脱構築を口実として、主権**なるもの**(*la* souveraineté)に全面的に真っ向から対立することは問題にもなりえないでしょう。主権**なるもの**も主権者**なるもの**もないのです。いつも主権のある形式の名において、主権の他の形式が責められるのです。〔中略〕主権の異なる、またときには拮抗する形式があるだけなのです。たとえば、すでにほのめかしたように、人間の、さらには個人的主体の、その自律の主権の名において、他の主権が非難されます(というのも、自律と自由もまた主権であり、警告もせず同

〔30〕同書、二二七頁。
〔31〕J・デリダ、E・ルディネスコ『来たるべき世界のために』藤本一勇・金澤忠信訳、岩波書店、二〇〇三年、一三四―一三五頁。
〔32〕J・デリダ「自己免疫:現実的自殺と象徴的自殺」前掲書、二〇三頁。

時にいかなる自由を脅かすこともなく、独立、自律、さらには国民国家の主権といった動機やスローガンを攻撃することなどできませんから――**脆弱な諸民族＝人民（peuples）はまさにその主権の名において、より強力な国家の植民地的帝国的覇権に抗して闘っているのです**〔33〕。

この「より強力な国家」に対する「脆弱な諸民族＝人民」について、デリダは真っ先にパレスチナ人のことを思い浮かべていたかもしれない。私が真っ先に思い浮かべたのは、沖縄人（ウチナーンチュ）のことだとしても。

〔33〕J・デリダ『獣と主権者Ⅰ（ジャック・デリダ講義録）』白水社、二〇一四年、九六頁。

第六章

県外移設要求は「野垂れ死にしつつある動物の呻き」ではない

佐藤嘉幸＝廣瀬純氏の批判に応えて

本章では、私の基地引き取り論に対して、佐藤嘉幸氏と廣瀬純氏から寄せられた批判に応答したい。

佐藤氏と廣瀬氏は、共著『三つの革命　ドゥルーズ＝ガタリの政治哲学』（二〇一七年）の「結論」部にしてその最終節において、拙著『犠牲のシステム　福島・沖縄』と『沖縄の米軍基地　「県外移設」を考える』の議論を批判している。それは、ジル・ドゥルーズとフェリックス・ガタリの三つの共著を「資本主義打倒」の戦略に貫かれたものと捉え、その「政治哲学」の論理によって現代日本の社会運動を分析する著作のなかで、あたかもその最終地点に拙論への批判が置かれているかのようである。

廣瀬氏は、単独で著した「琉球復国」と題する論考においても、上記『三つの革命』に先立って「琉球民族の闘争」について同趣旨の議論を展開し、やはり私の基地引き取り論を批判している〔1〕。

以下では、両氏の批判のほとんどに反論することになるだろう。また、この点に関する限り両氏の立場は区別できないと思われるので、「ドゥルーズ＝ガタリ」の例にならって「佐藤＝廣瀬氏」と表記させていただく。

一　批判の図式

廣瀬氏によれば、米軍基地の琉球偏在は、日本の民主主義が自らを維持するために、自らの内部では処理できない問題を「周縁」としての琉球に押しつけてきたことを意味する。琉球独立は、それとともになされる在琉米軍基地の日本への「返還」によって、この日本の民主主義の存立を根底から揺るがすことになる。そして同氏は、「この事態は、無論、琉球独立を経ずとも産出し得る」として、基地の「本土引き取り」運動を引き合いに出すが、それは琉球独立運動と本土引き取り運動との本質的な違いを指摘するためである。

所謂「本土引き取り」運動の代表的イデオローグのひとり、高橋哲哉は、その著書

〔1〕廣瀬純「琉球復国（1）植民地支配と欲望経済」『週刊金曜日』一一二〇号（二〇一七年一月二〇日）、同「琉球復国（2）琉球人はたんなる山羊ではない。」『週刊金曜日』一一二四号（二〇一七年二月一七日）、同「琉球復国（3）『熱狂』とは何か」『週刊金曜日』一一二八号（二〇一七年三月一七日）。以下では、「琉球復国」（1）（2）（3）と表記。

『沖縄の米軍基地　「県外移設」を考える』などで、「在沖米軍基地は日米安保体制下では本来『本土』に置かれるべきもので、それを『本土』に引き取ることが日本政府と日本人の責任である」(『琉球新報』15年11月2日付)と主張している。琉球独立運動と本土引き取り運動とは共闘可能なものではあっても、同じものではまるでない〔2〕。

では、その違いはどこにあるのか。まず、「本土」引き取り運動について。

本土引き取り運動は、琉球人を「犠牲者」(victims)と位置づけた上で、この犠牲者を眼前にして「責任」を自覚するよう日本人に求める。「犠牲者」とは、そのまま放っておけば野垂れ死ぬほかない「動物」(あるいは「もの」)のことであり、「責任」とは、そのように断末魔にある動物を眼前にする限りで「人間」(あるいは「市民」)が感じる恥辱のこと、自分が人間であるということそれ自体に感じる恥辱のことだ。在琉米軍基地を本土に引き取るとは、あるいは、より精確には、本土に引き取るべきものとして認識する(本土引き取りをおのれの思考に突き付ける)とは、人間である日本人が、動物である琉球人を眼前にして、人間であることの責任を感じ、自ら「動物になる」ということにほかならない〔3〕。

次に、琉球独立運動について。

これに対して琉球独立運動には「犠牲者」という発想も「責任」という発想もない。琉球人は被植民者であり、土人であり、インディアンあるいは奴隷ではあるが、ただひたすら断末魔にあるだけの犠牲者でも、野垂れ死にしつつあるだけの動物でも、呻き叫ぶだけで精一杯の「もの」でもない。**琉球独立運動にとって、琉球は植民地ではあるが、高橋哲哉が前著『犠牲のシステム——福島・沖縄』でそう論じていたようなたんなる「供犠」(sacrifice)などではない。琉球人は、生け贄にされるがままの山羊などでは微塵もなく、**「屈辱」(翁長知事の表現)を知る土人、叛逆する力を有するインディアン、おのれの解放のために闘う奴隷である〔4〕。

〔2〕廣瀬純「琉球復国」(2)、四四—四五頁。
〔3〕同上、四五頁。
〔4〕同上。「土人」や「インディアン」という用語は差別的な意味で使われているのではなく、植民者側から差別されながら、差別に対して反抗し、闘う意思と力能をもつ者の呼び名として使われている。

『三つの革命　ドゥルーズ＝ガタリの政治哲学』でも、この相違に基づいて私の議論が批判される。佐藤＝廣瀬氏によれば、「日本人による琉球への米軍基地押し付け」と「大都市圏住民による福島など地方への原発押し付け」とに「犠牲のシステム」を見出す私の議論は、「言うまでもなく」彼らの議論に「近い」。しかし、「近い」ことは同じであることではない。

高橋は、福島と琉球を論じるに当たって土人と動物を区別しない。この点において既に彼の議論は、同じ問題についての私たちの議論から遠ざかり始める。もっとも、「犠牲にされる者」が語られないのは、高橋の立論に従えば当然であり、論理的には納得できる。「犠牲にされる者」という表現は形容矛盾だ。犠牲にされる限りですべては「もの」なのだから。犠牲にされるとは「もの」にされるということ、動物にされる(生け贄の山羊（スケイプゴート）にされる)ということに他ならない。しかし、福島住民と琉球民族について私たちが本章で論じてきたのは、まさに彼らが「もの」ではないということ、生け贄にされるがままの山羊、野垂れ死にしつつあるだけの動物ではないということ、反対に彼らは、屈辱そして怒りを知る土人であり、闘う力を有し、実際に闘っているインディアンであるということだ。「犠牲」(sacrifice)というタームで論じるべき事例や状況、局面も歴史的には確かにあるだろう。しかし、今日の福島と琉球に関してはその限りではないと、現実に照らして私たちは理解している〔5〕。

福島にも琉球にも度々赴いている高橋が、日常生活の直中で福島住民の展開する運動、独立を現実的選択として見据えつつ琉球民族の展開する闘争を知らぬはずはないし、それらとの共闘を望みこそしても、それらを否定するつもりなど決してないだろう。しかしなお、**福島や琉球を「犠牲」というタームで語ることは、福島住民や琉球民族の闘いの存在を否認することと同じである**（実際、『犠牲のシステム』でも『沖縄の米軍基地』でも、高橋が福島住民の闘争、琉球人の闘争に言及することは一度もない。そうした闘争は彼の立論には収まらないからだ）。この否認によって高橋は何を得るのか。最も簡潔に言えば、政治の唯一の可能性が哲学に見出されるような地平、政治哲学だけが唯一可能な政治であるとされるような地平だ。繰り返すが、人間の営みとしての哲学にだけ政治の可能性が残されるような局面や事例も、歴史上には恐らくある。高橋の仕事に則して言えば、「靖国」はまさにそうした事例の一つかもしれない。しかし、靖国体制下での非抑圧者（ママ）（戦争へと鼓舞され動員される国民）とは異

〔5〕佐藤嘉幸・廣瀬純『三つの革命　ドゥルーズ＝ガタリの政治哲学』講談社選書メチエ、二〇一七年、三四〇—三四一頁。

なり、今日の福島住民も琉球民族も、断末魔にあって呻き叫ぶだけで精一杯の「もの」などでは些かもなく、政治は彼らの闘争によって始まっているのだ〔6〕。

二　琉球独立も「犠牲」を斥け「責任」を問う

さて、どうしてこのようなことになるのだろうか？　私には、佐藤＝廣瀬氏が（できるだけ控えめな表現を用いるが）意図的に誤った図式を作り出しているとしか思えない。というのも、両氏が言及している論者やその言説をきちんと読み比べてみれば、このような図式化が成り立たないことはあまりにも明白だからだ。

佐藤＝廣瀬氏は、私が「福島住民や琉球民族の闘い」を知らないはずはないし、それらとの共闘を望みこそすれ、それらを否定するはずはないとしながらも、「犠牲」というタームで語る限り、それらの「闘いの存在」を否認することになる、と言う。琉球の状況を「犠牲」として描き出し、犠牲者を前にした「責任」を語る私（高橋）は、琉球人を、屈辱と怒りを知る士人ではなく野たれ死にしつつある無力な動物と見ているのであり、その証拠に私（高橋）は、琉球（人）を「スケープゴート＝生贄の山羊」と呼んでいるではないか。それに対して、琉球独立運動には、「犠牲者」という発想も「責任」という発想もいっさい存在しないのだ、というのである。

だが、本当だろうか。まずは次の文章から見てみよう。

> モノとしての琉球は日本人の安全を守るために**犠牲**になっても仕方がないという、暗黙の了解が日本人のあいだにあるようです。先の大戦でも、「本土決戦」を少しでも遅らせるために、人が住む琉球で戦争をしたのは日本政府でした。その時、琉球人は戦闘に巻き込まれ、「人間の盾」として使われました。戦後も日本の安全を守るためにアメリカに**生け贄**（いけにえ）**の羊のように**差し出されました。日本の統治下に琉球がおかれたら、永遠に日本の**犠牲**になることが運命付けられているかのようです。〔中略〕
>
> 自分の先祖だけでなく、これから生まれてくる子供たちも自分と同じように、日本の**犠牲**を背負うのを止めさせたいと決意した人々が、「独立」を主張するようになりました。

この文章は私の文章ではない。松島泰勝氏の著書『琉球独立宣言　実現可能な五つの方法』（二〇一五年）の一節である〔7〕。松島氏は琉球民族独立総合研究学会の発起人の一人

〔6〕同書、三四二―三四三頁。

であり、現代沖縄の独立論を代表する論者である。佐藤＝廣瀬氏は「琉球独立運動」を論じる際、常に松島氏の著作を参照しているため、以下では私も松島氏の著作に依拠して議論を進めることにする。

松島氏の『琉球独立宣言』の「第2節　なぜ独立しなければならないのか」の最初の小見出しは、「日本の**犠牲**になりたくない」〔8〕であり、上記の文章はこの小節からの引用である。つまり、松島氏はここで、なぜ琉球独立なのかと言えば、このままでは琉球は「永遠に日本の犠牲」にされ、日米の「生け贄の羊」にされてしまうからだ、と述べているのである。

琉球に「日本の犠牲を背負うのを止めさせたいと決意した人々が、『独立』を主張するようになりました」と松島氏は言う。琉球に「日本の犠牲を背負わせるのを止めたいと決意した人々が、『基地引き取り』を主張するようになりました」と私は言う。このままでは琉球は日本の犠牲であり続けることになってしまうので、それを止めさせなければならない、という点で両者は一致している。

上に見たような「犠牲」というタームの使用は、『琉球独立宣言』においても松島氏の他の著作においても何ら例外ではない。過去についても現在についても、日本の支配により琉球が受けている被害を語る際には、「犠牲」の語が頻出する。

松島氏がもっとも詳細かつ学術的に琉球独立構想を展開した『琉球独立への道　植民地

主義に抗う琉球ナショナリズム』(二〇一二年)からは、次の個所を引いておこう。

普天間基地を巡る混乱で明らかになったのは、他の都道府県の知事や大半の日本国民は基地を受け入れず、琉球人を**犠牲**にして「日本国の平和と繁栄」を享受し続けようとしていることであった[9]。

『琉球独立論　琉球民族のマニフェスト』(二〇一四年)では、たとえばこうである。

二一世紀になった現在、日本は報われることのない**犠牲**を相も変わらず琉球に強いています。/琉球が日本国の一部であることによって多くの**犠牲**を背負わされるのならば、自らの国家をつくるという選択肢を琉球人が真剣に考えても当然なのではないでしょうか[10]。

(7)松島泰勝『琉球独立宣言　実現可能な五つの方法』講談社文庫、二〇一五年、二五頁。
(8)同書、二四頁。
(9)『琉球独立への道　植民地主義に抗う琉球ナショナリズム』法律文化社、二〇一二年、ii頁。
(10)松島泰勝『琉球独立論　琉球民族のマニフェスト』バジリコ、二〇一四年、九六、二一一頁。

いておこう。

『琉球独立　御真人（うまんちゅ）の疑問にお答えします』（二〇一四年）からは、これを引

日本の安全保障政策は**琉球人の犠牲**を前提としており、日本と琉球のナショナリズムは逆方向を向いています[11]。

琉球人を保護せず、**犠牲を強制するシステム**が日本という国です[12]。

日本政府は自らの「抑止力」を維持するために琉球をこれからも**犠牲**にしてもよしとする、日米同盟体制をさらに強化しています[13]。

これら松島氏の文が、私の『犠牲のシステム　福島・沖縄』での沖縄に関する基本的認識、すなわち「戦後日本の日米安保体制は、沖縄をスケープゴート（犠牲の山羊）とする一つの犠牲のシステムであった」という認識とほぼ同じ認識に立っていることは、一目瞭然であろう。

念のため、松島氏が二〇一〇年に西表島の石垣金星氏と連名で行なった「琉球自治共和

国連邦独立宣言」を見ておこう。松島氏によれば、「自らが独立論者であることを広く世界に対して公表したのはこの年から」であり、同「宣言」は、「広く世界に対して公表」された文書として「琉球独立運動」の中でも重要な意味をもつだろう。

2010年、われわれは「琉球自治共和国連邦」として独立を宣言する。現在、日本国土の0・6％しかない沖縄県は米軍基地の74％を押し付けられている。これは明らかな差別である。

2009年に民主党党首・鳩山由紀夫氏は「最低でも県外」に基地を移設すると琉球人の前で約束した。政権交代して日本国総理大臣になったが、その約束は本年5月の日米合意で、紙屑のように破り捨てられ、辺野古への新基地建設が決められた。さらに琉球文化圏の徳之島に米軍訓練を移動しようとしている。**日本政府は、琉球弧全体を米国に生贄の羊として差し出した。**

日本政府は自国民である琉球人の生命や平和な生活を切り捨て、米国との同盟関係

〔11〕松島泰勝『琉球独立　御真人（うまんちゅ）の疑問にお答えします』琉球館、二〇一四年、一一二頁。
〔12〕同書、二三頁。
〔13〕同書、三一頁。

を選んだのだ。〔中略〕
日本国民にとって米軍の基地問題とは何か？　**琉球人を犠牲にして、**すべての日本人は「日本国の平和と繁栄」を正当化できるのか？〔中略〕
われわれ琉球人は自らの土地をこれ以上、米軍基地として使わせないために、日本国から独立することを宣言する。そして独立とともに**米軍基地を日本国にお返しする**〔14〕。

「琉球独立運動」の実践そのものにほかならない「独立宣言」の中でも、このように、松島氏の基本認識は不変である。
この「独立宣言」の三年後、松島氏も発起人のひとりとなって琉球民族独立総合研究学会が立ち上げられる。今日の「琉球独立運動」で中心的な役割を果たしている同学会の「設立趣意書」にも、「日本人は、**琉球を犠牲にして、**『日本の平和と繁栄』をこれからも享受し続けようとしている」〔15〕と書き込まれている。
さらに、もっとも近いところでは、脱植民地化運動の一環として取り組まれている琉球人遺骨返還運動の中で、松島氏は次のように述べている。

琉球人は生きている間、米軍基地問題に象徴されるように**植民地支配の犠牲者**である。同時に、死してニライカナイに行ってからも日本による植民地支配を受けている。つまり遺骨返還、先祖供養を京大つまり日本政府が拒否できる体制下に、琉球人は生きることを強いられているのである〔16〕。

このように見てくれれば、佐藤＝廣瀬氏の誤りはすでに明らかであろう。

両氏によれば、「琉球を『犠牲』というタームで語ること」は「琉球民族の闘いの存在を否認することと同じ」であり、「高橋」は琉球を「犠牲」というタームで語っているゆえ「琉球民族の闘いの存在」を「否認」しているのであった。そして、逆に、「琉球独立運動」には「『犠牲者』という発想」がいっさい存在しないのであった。

ところが、以上に挙げたすべての引用箇所が明示しているように、「琉球を『犠牲』というタームで語ること」は松島泰勝氏自身がその諸著作で行なっていることであり、「琉球自治共和国連邦独立宣言」や独立学会「設立趣意書」が行なっていることでもあるのだ。

〔14〕同書、一四八頁。
〔15〕琉球民族独立総合研究学会設立趣意書（二〇一三年五月一五日）については同学会のホームページ（http://www.acsils.org/gaiyou）を参照。
〔16〕松島泰勝・木村朗編『大学による盗骨』耕文社、二〇一九年、二九五頁。

佐藤＝廣瀬氏は、松島氏や独立学会が「琉球民族の闘いの存在」を「否認」しているとでも言うのだろうか。

佐藤＝廣瀬氏は、私が「スケープゴート（犠牲の山羊）」の用語を使っていることをも問題視し、「琉球は……たんなる山羊ではない」、「琉球人は、生け贄にされるがままの山羊などでは微塵もない」いなどと、あたかも私が「琉球」や「琉球人」を「たんなる山羊」扱いしているかのような印象を与えている。だが引用文にあるように、松島氏や「独立宣言」もまた、琉球人は日本政府によって「生け贄の羊のように」あるいは「生け贄の羊として」扱われたと認識しているのであり、この点でも、私の認識と松島氏ら独立運動の認識との間に本質的な違いは見当たらないのだ。

「責任」についてはどうか。「犠牲」と同様、「責任」という発想も、「琉球独立運動」には存在しないと言うが、本当だろうか。

松島氏の言葉を見てみよう。

［日本人は］基地問題を初めとした諸問題の発生は、琉球、琉球人の側に責任があるとして、**自らの責任**を回避しようとしています〔17〕。

日本の安全保障問題が「沖縄問題」として論じられ、［日本人は］琉球人に自国の安全保障問題に対する**責任を転嫁**していますしています[18]。

琉球に基地を押し付けて自らは安全に暮らしたい、国家や国民の**責務**（基地負担を自ら引き受ける）を果たしたくないという日本人の**無責任**体質が今日にいたるまで続いています[19]。

琉球独立運動には「責任」という「発想」が「ない」どころか、松島氏の独立論が基地問題についての「責任」論と一体であることは明らかである。松島氏は「戦後」の基地問題のみならず、琉球併合以来の日本の植民地主義の「責任」をも問うている。

日本政府は琉球国を侵略してそれを滅ぼし、現在まで植民地支配を続けています。琉球人に謝罪すべきです。同時に、3つの修好条約原本を元の持ち主である琉球に返却しなければなりません。これらは道義上、国際法上でも日本国の**責務**であると言え

〔17〕松島泰勝『琉球独立　御真人（うまんちゅ）の疑問にお答えします』、一二五頁。
〔18〕同書、一〇〇頁。
〔19〕同書、一二三―一二四頁。

ます[20]。

「3つの修好条約原本」とは、一九世紀半ばに琉球国が締結した琉米、琉仏、琉蘭の修好条約の原本である。日本政府はこれを琉球併合後に東京に持ち去り、現在も外交史料館に「保管」している。松島氏にとって、これらを返却させることは「琉球独立運動」の一環であり、それは日本政府にその「責務」を果たさせることなのだ。

日本が返却すべきものは修好条約原本だけではない。松島氏は、旧京都帝大の人類学者らが遺族に無断で持ち出して「研究」対象にしていた百按司(むむじゃな)墓の遺骨を返却させるため、京都大学を被告として起こされた琉球遺骨返還請求訴訟原告団の中心人物である。琉球の自己決定権の回復と脱植民地化を掲げるこの法廷闘争が、琉球人の尊厳を否定する京大ひいては日本政府の「責任」を追及するものであることは自明の理であろう。

かくして松島氏の琉球独立運動は、日本政府と日本人に「責任」を果たさせることであるのと同時に、琉球を「責任」ある自己決定権の主体として確立することを意味する。

日米による琉球支配は**責任**回避体制に基づいています。[中略]琉球独立は植民地主義に楔を打ち込み、琉球人が主権を回復して、自らで**責任**と義務を負う主体になることを意味します[21]。

まとめよう。「犠牲」と「責任」の「タームの使用」や「発想」の有無によって（私の）引き取り論と（松島氏の）独立論とを対立させる（「同じものではまるでない」と主張する）のは誤りである。両者が「犠牲」と「責任」の認識において基本的に一致していることは、松島氏の多数の言明が証拠立てている。佐藤＝廣瀬氏は、松島氏の著作を読みさえすれば容易に確認できるこれらの言明を、なぜ無視するのだろうか。

三　語法の問題

次に検討するのは、私（の「本土引き取り論」）が琉球人を「犠牲者」と見なすことによって、琉球人を「単なる『もの』」、「断末魔にあって呻き叫ぶだけで精一杯の『もの』」、「断末魔にある動物」、「野垂れ死にしつつあるだけの動物」にしている、という佐藤＝廣瀬氏の主張である。「情勢に照らせば」、「今日の」「現実に照らして」みれば、琉球人は

〔20〕松島泰勝『琉球独立宣言』、二七五頁。
〔21〕松島泰勝『琉球独立　御真人（うまんちゅ）の疑問にお答えします』、一二九頁。

『屈辱』（翁長知事の表現）を知る土人、叛逆する力を有するインディアン、おのれの解放のために闘う奴隷」であるのに、私は琉球人を「もの」扱い、「動物」扱いすることによって、「琉球人の闘う力能のその実在」を認めず、「琉球民族の闘いの存在を否認」している、というのである。

この驚くべき決めつけに反論するにあたって、まずは次の文章を読んでみよう。後半はすでに引用した箇所である。

> 高橋が「犠牲にする者」と呼んでいるのは、私たち［佐藤＝廣瀬氏］がこれまで「マジョリティ」あるいは「市民」と呼んできたのと同一の者たちであり［中略］、また、高橋が「犠牲にされるもの」と呼んでいるものの中には、私たちが「マイノリティ」あるいは「土人」と呼んできた者たちが含まれている。後者について「含まれている」と言うべきなのは、高橋自身が「犠牲にされるもの」は「人間だけではない」としているからだ。「犠牲にする者」は、それが人間であるが故にそう呼ばれるが、「犠牲にされるもの」は、そこに土人だけでなく動物も含まれるがゆえにそう呼ばれている。

高橋は、福島と琉球を論じるに当たって土人と動物を区別しない。この点において既に彼の議論は、同じ問題についての私たちの議論から遠ざかり始める。もっとも、

「犠牲にされる者」が語られないのは、高橋の立論に従えば当然であり、論理的には納得できる。「犠牲にされる者」という表現は形容矛盾だ。犠牲にされる限りですべては「もの」なのだから。犠牲にされるとは「もの」にされるということ、動物にされる（生け贄の山羊（スケイプゴート）にされる）ということに他ならない〔22〕。

「犠牲のシステム」の定義において私が「犠牲にする**者**」と「犠牲にされる**もの**」を区別したのは、佐藤＝廣瀬氏が認めるように、後者は人間だけとは限らないからである。動物も当然、含まれる。そして、これもまた佐藤＝廣瀬氏が認めたことだが（「そこに**土人だけでなく動物も**含まれるがゆえにそう呼ばれている」）、私の「犠牲にされるもの」の中には彼らの言う「土人」も含まれていると言ってよい。つまり、私がここで「者」から「もの」を区別したのは、「犠牲にされるもの」は人間以外のものでもありうるからであり、それ以上でも以下でもない。人間であれ、動物であれ、「土人」であれ、その他の何であれ、「犠牲にされる」という面から見れば、それらは「犠牲にされるもの」であり、「もの」はここでは「者」＝人間と、人間以外のものを単に包摂するという意味しかもたない。

ところが、佐藤＝廣瀬氏は、この「もの」の意味をあらぬ方向へ引っ張っていく。『犠

〔22〕佐藤嘉幸・廣瀬純『三つの革命　ドゥルーズ＝ガタリの政治哲学』、三四〇—三四一頁。

牲にされる者』という表現は形容矛盾だ。犠牲にされる限りですべては『もの』なのだから」と言うのだが、ここにはすでに飛躍がある。「犠牲にされる者」という表現は、私の語法ではなんら「形容矛盾」ではない。「犠牲にされるもの」には当然「人間」が含まれるのだから、いやそれどころか、私が『犠牲のシステム　福島・沖縄』で論じたのは何よりも人間の犠牲なのだから、「犠牲にされるもの」は当然「犠牲にされる者」でもありうるのだ。

これを「形容矛盾」と言えるのは、佐藤＝廣瀬氏が「犠牲にされる限りですべては『もの』」だとして、「もの」の意味を強引に変えてしまう限りにおいてでしかない。というのも、私の語法では、「もの」は人間や動物や「土人」やその他のものを含むのだが（そしてそれを両氏も認めていたはずなのだが）、「犠牲にされる限りですべては『もの』」だと言うときには、この「もの」はすでに両氏の言う「単なる『もの』」、「闘う力能」をもたず「野垂れ死にしつつあるだけの動物」になってしまっているからだ。この「もの」の意味のすり替えがなければ、たとえば次のような両氏の文章は成り立たない。

「本土引き取り」論としてよく知られるこの議論にあっても無論、**「もの」（動物）と「者」（人間）の二項からなる**「犠牲のシステム」という立論は維持されている。日本人が本土にすべての在琉米軍基地を「引き取る」とは、あるいは、高橋の行う言説的オペレイションにより密接に寄り添って言えば、日本人が在琉米軍基地を本土に引き取るべきものとして認識する(本土引き取りを自らの思考に突き付ける)とは、**人間である日本人が、動物である琉球人を眼前にして**、人間であることの責任を感じる限りで、その責任に強いられて動物になる〔中略〕ということに他ならない〔23〕。

「『もの』(動物)と『者』(人間)の二項からなる『犠牲のシステム』という立論」なるものは、私のものではない。私の語法では、佐藤＝廣瀬氏も初めは認めていたように、「犠牲にされるもの」は「単なる『もの』」や「動物」と同じではなく、「者」(人間)をも含んでいる。つまり、「もの」(動物)と「者」(人間)が二項をなすことはないし、それらが「犠牲にされるもの」と「犠牲にする者」に対応することもない。したがって、「〔単なる〕動物である琉球人」と「人間である日本人」が二項をなすこともない。そもそも「動物」と「人間」を区別するなら、「動物である琉球人」という表現こそ「形容矛盾」である。「琉球人」も「日本人」も私の語法では当然「人間」である。

〔23〕同書、三四二頁。

四　県外移設要求に向き合う

以上は、いわば語法の問題である。次に、より実質的な面から検討しよう。私の基地引き取り論において、「琉球人」が「単なる『もの』」扱い、「動物」扱いされ、「琉球人の闘う力能のその実在」が否定され、「琉球民族の闘いの存在」が否認されているというのは本当なのか。

私の基地引き取り論は、沖縄からの県外移設要求への応答として構想された。拙著『沖縄の米軍基地』の副題は「『県外移設』を考える」であり、「はじめに」では明確にこう述べている。

沖縄では今、米軍基地の「県外移設」要求が広がっている。「日本人よ！　今こそ沖縄の基地を引き取れ」。［中略］

私は、「今こそ」、「日本人」はこの声に応答しなければならないと考える。そして私の応答は、「イエス」というものである。「日本人」は、沖縄の米軍基地を「引き取る」べきである。政治的・軍事的・経済的などの力を行使して、沖縄を自己利益のために利用し、犠牲にしてきた歴史を断ち切るために。そして沖縄の人びとと、差別する側される側の関係ではなく、平等な人間同士として関係を結び直すために[24]。

強調したいのは、「日本人よ！　今こそ沖縄の基地を引き取れ」という沖縄からの声は県外移設の**要求**であり、私も一貫してそのように提示してきたということである。具体的には拙著を参照していただきたいが、まとめて言えばこうなるだろう。

このように、沖縄の県外移設**要求**は、**市民と知識人の間に確固とした声を持ち、近年は政治的主張として表面化している**。とりわけ鳩山政権の裏切りにあって以後、その声は、沖縄の民意としてすっかり定着したように思われる。そうだとすれば、この**要求**の宛先とされた「日本人」、「本土」の人間は、この**要求**に向き合う必要があるのではないか。この声に応答する必要があるのではないか[25]。

ここで「琉球人」が「日本人」に向けている県外移設の声とは、市民社会に運動や広範

〔24〕高橋哲哉『沖縄の米軍基地　「県外移設」を考える』集英社新書、二〇一五年、五一六頁。
〔25〕同書、四五頁。

な民意として存在し、知識人の思想として表現され、「闘う沖縄」の象徴となった県知事が「県政の基本方針」として掲げて政府に公然と突きつけた要求である。私が「琉球人」のこうした要求に向き合っているとき、私にとって「琉球人」は、「単なる『もの』」、「野垂れ死にしつつあるだけの動物」として現われているなどと、どうして言えるだろうか。「日本人」に県外移設を社会的・思想的・政治的に公然と要求する「琉球人」が、「単なる『もの』」、「野垂れ死にしつつあるだけの動物」などでありえないことは明白である。「情勢に照らせば単なる『もの』(ドゥルーズ＝ガタリの言葉を用いれば『犠牲者』)などでは微塵もないことが明らかな者たちを高橋は、『靖国』という別の事例を語るために構築した『犠牲のシステム』論(『国家と犠牲』論)の内に捕獲し、彼らを『もの』に還元して」いる、と佐藤＝廣瀬氏は言う〔26〕。

だが、**事態は実は逆である**。「高橋」の前に「琉球人」は県外移設要求の主体として現われているのであり、廣瀬氏の言葉で言えば、まさに「『屈辱』(翁長知事の表現)を知る土人、叛逆する力を有するインディアン、おのれの解放のために闘う奴隷」として現われているのであって、それを両氏が「単なる『もの』」に還元し、「高橋」は「単なる『もの』」に向き合っているにすぎないと主張しているのである。

この不当な主張はとどまるところを知らない。

独立や民族解放を現実的目標に据えて闘争を展開することは、野垂れ死にしつつあるその直中で呻き叫び、その呻きと叫びによって日本人に何事かを「問いかける」といったことではまるでない。高橋自身も重要な転換点に位置付けている、二〇一〇年の鳩山政権による「県外移設」断念以降、そもそも、一体どうしたら、琉球人がなおも日本人に何事かを問いかけている、何事かを思考するように求めているなどと言えるのか。「沖縄の『戦争』を終わらせるためには、もはや『独立』しかない」(松島泰勝)という情勢判断に対して、一体どうしたら今日もなお、勇み足に過ぎるなどと言えるのか。今日見られるのは、断末魔にある動物が、哲学をする余裕のある人間に、何事かを問いかけている、といった状況ではない。苦しみ叫ぶ動物を眼前にして、人間がそこに「問いかけ」を聴き取らなければならない、応答によって声にならない叫びを問いかけの声として受けとめなければならない、といった状況ではない。そうではなく、闘う土人である琉球人がその闘いの中で「彼ら自身で自らの問題を提起し、そのより一般的な解決を可能にする個別的状況を少なくとも彼ら自身で定めてみせる」という状況なのだ[27]。

〔26〕佐藤嘉幸・廣瀬純『三つの革命　ドゥルーズ＝ガタリの政治哲学』、三四四―三四五頁。
〔27〕同書、三四六頁。

これらの引用から分かるように、佐藤＝廣瀬氏は、「問いかけ」を「声にならない叫び」、「呻きと叫び」に還元し、「野垂れ死にしつつある」動物、「断末魔にある動物」、「苦しみ叫ぶ動物」、「単なる『もの』」の側にあるものと決めつける(「苦しみ叫ぶ動物」と「単なる『もの』」の同一視にも私は同意しない)。そうすることによって両氏は、私が日本人はそれに応答すべきだと考える**県外移設要求を、「野垂れ死にしつつある」動物の、「単なる『もの』」の、「声にならない」「呻きと叫び」に還元するという驚くべき操作**をやってのけるのである。沖縄の人びとの県外移設要求を、そんなふうに**無力化すること(「闘う力能」の欠如した存在のものとすること)**が、どうしてできるのだろうか。

さらに、佐藤＝廣瀬両氏は、二〇一〇年の鳩山政権による「県外移設」断念以降、もはや琉球人はもはや、在琉米軍基地の『引き取り』を日本人に求めていない」と明言している(「琉球復国」(2))。県外移設すなわち「本土」引き取りの要求は両氏において「問いかけ」に対応し、それは二〇一〇年以降、単に無力であるだけでなく、**もはや存在しないもの**とされるのである。

しかし、このような断定の根拠は何も示されていない。事態がむしろ**逆である**ことの証左はいくつも挙げることができる。

「二〇〇〇年前後の時期」はまだ「沖縄人も、抑圧と同化の歴史のなかで培われた日本人への恐怖心や『連帯』を大事にする複雑な心情があり、『県外移設』を明確に言うことをタブー視していた」と言う大山夏子氏(「沖縄を語る会」)は、二〇一九年にこう記している。

沖縄の言論空間が変わってきたと感じたのは、二〇一〇年前後のことだ。二〇〇九年、民主党代表だった鳩山元首相が「少なくとも県外」と発言したことをきっかけに、沖縄で初めて県外移設を求める声が大きなうねりとなった。二〇一〇年には沖縄県議会が全会一致で国外・県外移設を求める意見書を初めて可決した。その後、民主党政権の辺野古政策の頓挫や自民党の政権復帰などの曲折はあったものの、**このうねりは県民の意識に決定的な変化をもたらした**と思う。二〇一四年には「オール沖縄」が自民党出身で県外移設を訴える翁長雄志知事を誕生させた。二〇一五年に那覇市のセルラースタジアムで開かれた県民大会で、翁長知事が訴えた「ウチナーンチュ　ウシェーテェー　ナイビランドー!(沖縄の人をバカにしてはいけませんよ)」の声と満場の喝采は耳に焼き付いている。

二〇一六年に二〇歳の沖縄人女性が元海兵隊員に殺害されるという痛ましい事件があった。那覇市で開かれた追悼集会で、オール沖縄共同代表で二一歳の大学生だった玉城愛さんが口にした言葉も、非常に印象的に響いた。「安倍晋三さん、日本本土にお住まいの皆さん、今回の事件の第二の加害者はあなたたちです。しっかり沖縄に向きあっていただけませんか」

一九九五年の少女暴行事件以降、普天間基地の返還をめぐって出口の見えない戦いを強いられてきた沖縄の人々は、かつての「日本本土の人々と連帯していく」という復帰思想から離れ、「ヤマトの人たちが差別を黙認している」「**ウチナーンチュのことはウチナーンチュで決める**」という対ヤマトの視点を身につけてきた。〔中略〕

任期半ばで他界した翁長さんの遺志を継ぎ、沖縄県知事選で史上最多得票で当選した玉城デニー知事も、カタログ雑誌「通販生活」(二〇一九年春号)のインタビューで、「どうぞ米軍基地を県外・国外に持って行ってください」と訴えた。

知事は同時に、「『本土』の人たちが、自分たちの近くに基地はいらないと言って米軍を追い出した、その基地反対闘争の『勝利』が結果的に沖縄への基地集中につながった」として、「本土」から沖縄に米軍基地が移されてきた経緯を指摘。さらに、「(日米)安保体制の背景にある沖縄の米軍基地問題について、『本土』の人たちはどれくらい関心をお持ちなのでしょうか」と問いかけた〔28〕。

日本人に対する「問いかけ」としての県外移設要求は、「二〇一〇年前後」からの「県民の意識」に「決定的な変化」をもたらし、「ウチナーンチュのことはウチナーンチュで決める」という「自己決定権」の主張へと向かった。この「問いかけ」が玉城県政下の現在まで続いていることは否定できない現実である。

いくつか象徴的な事実を補足しておけば、二〇一二年一一月、当時の翁長雄志那覇市長は、鳩山首相の挫折の経緯を見て県外移設要求の覚悟を決めた、という趣旨の発言をしている[29]。二〇一〇年一一月の沖縄県知事選挙では、もともと辺野古移設容認であった仲井眞弘多前知事が、この翁長氏の進言を容れて県外移設を公約に掲げ当選。二〇一二年総選挙、二〇一三年参議院選挙でも、自民党沖縄県連と沖縄の候補者は県外移設を公約に掲げて当選。二〇一三年一一月までに自民党本部の圧力により、沖縄県選出・出身国会議員全員と沖縄県連が辺野古容認に転じた際には、県民世論は「平成の琉球処分」として反発。同年末、仲井眞知事が辺野古容認に転じると、翌年一月、沖縄県議会は公約違反として知事辞任要求決議を可決した。二〇一四年、その仲井眞氏を破って知事に就任した翁長氏は、普天間基地の県外移設を「県政の基本方針」に掲げ続けた。

〔28〕大山夏子「エンパワメントの言葉」野村浩也『増補改訂版　無意識の植民地主義——日本人の米軍基地と沖縄人』松籟社、二〇一九年、三九八—三九九頁。
〔29〕朝日新聞、二〇一二年一一月二四日。

この間、沖縄の「自己決定権」の探求をリードしてきた「琉球新報」は、二〇一五年以降、少なくとも三度、県外移設＝基地引き取りを支持する社説を掲載している。二〇一五年一二月一五日付社説は、「基地引き取り」と題し、「基地をめぐる圧倒的な理不尽を正すには、広く社会が問題を直視し、世論を高めることが不可欠であろう。県外移設こそ、この深刻な問題を真の解決に導く、現実的かつ必要な道筋ではないか」と述べ、『引き取り論』を機に、全国でそのような本質的議論も深めたい」と論じた。二〇一六年五月一七日付社説は、「基地引き取り論」と題し、「基地の本土引き取り論を提唱する人々」に対して「運動の広がりに期待したい」とした。二〇一七年五月二日付社説は、「基地県外移設」と題し、『県外移設』は新基地建設問題の解決を目指すだけでなく、基地集中は差別であるとして沖縄と本土との関係を根本的に問うものでもある。辺野古の海が破壊されようとしている今、議論を広げ全国の世論に働き掛けることは喫緊の課題だ」と主張した。

繰り返すが、ここに挙げた事例はほんの一端にすぎない。それでも、鳩山政権による県外移設断念以降、沖縄ではむしろ県外移設要求が公然かつ一般化し、今日に至っていることを知るには十分であろう。「2010年以降、琉球人はもはや、在琉米軍基地の『引き取り』を日本人に求めていない」などと、何の根拠も示さず断定する廣瀬氏の議論は、読者をいたずらにミスリードするものと言わざるをえない。

念のため、ここで松島泰勝氏の言葉も参照しておこう。松島氏は二〇一六年、鳩山元首相を交えた座談会でこう発言している。

　鳩山さんが県外移設を掲げて登場され、政権を取ったことは非常に画期的なことでした。何が画期的であるかというと、県外移設を口でいうだけでなくそれを行動に移そうとしたことです。〔中略〕しかし**いま再び県外移設論が盛り上がっています**。東京大学の高橋哲哉さん、知念ウシさん、野村浩也さん、金城馨（きんじょうかおる）さんなどが県外移設を主張し、それに呼応するいろいろグループができて、また、東京・新潟・大阪や福岡でも「引き受けましょう」という団体も出てきています。〔中略〕**かつての鳩山さんの県外移設論は無駄ではなく、いまも生きているのです**。そしてそれが日本の民主主義を問う大きな問題提起になった点では大きな意味があると思います〔30〕。

　いわゆる県外移設論は、琉球に日本にある米軍専用基地の大部分を七〇年以上も押しつけていることを、他人ごとではなく、自分の問題として考えてみようという**大きな問題提起の一つ**だと考えています。〔中略〕日本人全体に対する琉球人の主張、怒りの声を日本人が自分のこととして**受け止め**、無視するのではなく、ちゃんと誠意をも

〔30〕鳩山友紀夫・大田昌秀・松島泰勝・木村朗編『沖縄謀叛』かもがわ出版、二〇一七年、六七―六九頁。

って**答えるかどうかが問われているのです。**「あなたは他人ごとと考えていいのですか。こういう差別をしていいのですか」という、**琉球側からの問いかけに対して日本人はこれまでちゃんと応答してこなかった。しかしそれで諦めるのではなく、とことんまで日本人の植民地支配意識を揺さぶろうという、琉球人の強い意志を県外移設論から感じることができます**〔31〕。

「琉球独立運動」をリードする松島氏も、「二〇一〇年以降」、県外移設論や基地引き取り運動をこのように捉えていることを、佐藤＝廣瀬氏は無視すべきではないであろう。ここで松島氏が県外移設論のうちに、琉球人の「問いかけ」に「応答」せずにきた日本人に対しても「諦める」ことなく、その「植民地支配意識」を徹底的に「揺さぶろう」という「琉球人の強い意志」を見ていることはきわめて重要である。それは、沖縄近現代史家の伊佐眞一氏による次のような言葉とも響き合っているからだ。

げんにいまヤマトの責任で基地を引き取れと要求しているのは、沖縄人と日本人の境界が内外から「侵犯」されているとか、二重性うんぬんとか、また「沖縄人になる」などと頭の体操をしている者ではなく、**われこそは沖縄人だと自覚し、誰はばかることなく公言するウチナーンチュである。**

沖縄人としての自信にみちたこの強いモノ言いをみていると、かつてヤマトゥンチューの前で萎縮して小さくなっていたひよわな人間のあまりに多すぎた沖縄の、暗くて陰鬱(いんうつ)な歴史が、よりいっそう浮き上がってくる思いがするのである(32)。

松島氏の言う「琉球人の強い意志」は、伊佐氏の言う「沖縄人としての自信にみちた」「強いモノ言い」と響き合っている。何度でも繰り返さなければならないが、県外移設論という「問いかけ」は、「野垂れ死にしつつあるだけの動物」や「単なる『もの』」の声にならない「叫び」や「呻き」ではなく、「ヤマトの責任で基地を引き取れ」という「強い」要求であり、追及であり、批判であり、告発なのである。

私は以前、二〇一五年五月一七日の「戦後70年　止めよう辺野古新基地建設！　沖縄県民大会」で配られた「基地は県外へ！」と呼びかけるビラの文章に基づいて、次のように書いたことがある。

ここにあるのは日本国と「日本人」への**正面切った批判**であり、**鋭い問いかけ**であ

(31) 同書、九五―九六頁。
(32) 伊佐眞一「琉球・沖縄史から見た『県外移設』論㊤」琉球新報、二〇一六年四月二六日。

り、**断固とした突き放し**である。沖縄を米国に差し出すことで独立を手にした日本、基地被害や基地問題を沖縄に押しつけてきた日本人、安保のツケを自分たちで払わず沖縄に依存してきた日本人に対して、そんなあり方は「もうやめなさい」、沖縄から基地を引き取って自立しなさいと、**強烈な要求を突きつけている。**

〔中略〕

「日米両政府は普天間基地を諦め、すぐに閉鎖し返還しなさい」と要求する「沖縄人」。「移設が必要なら、安保条約を結び選択した日本本土に移設するのが当然です」と宣言する「沖縄人」。押しつけてきた基地を引き取ることは「あなた方ひとり一人の自立の問題」なのだと「日本人」に自覚を促す「沖縄人」。「主体」というなら、**そういう「主体」こそが、ここでは声を発しているのである**〔33〕。

私が向き合っている(向き合うべきと主張している)のは、このような「主体」としての沖縄人であり、琉球人であって、私が応答している(応答すべきと主張している)のは、このような「主体」の「声」であり、「問いかけ」なのだ。佐藤＝廣瀬氏は、このような「主体」を「野垂れ死にしつつあるだけの動物」や「単なる〃もの〃」に還元し、その「主体」の「声」であり「問いかけ」であるものを「2010年以降」はもはや存在しないものとみなすことによって、沖縄からの「基地を引き取れ」という声＝県外移設要求に自らの耳をふさぎ、読者に対してはこの要求の存在を隠蔽する結果となっている、と言わざるをえない。

振り返ってみよう。廣瀬氏は、私が琉球人を「もの」扱い、「動物」扱いしているとして、その私に**反対するつもり**でこう書いていた。「琉球人は、生け贄にされるがままの山羊などでは微塵もなく、「屈辱」(翁長知事の表現)を知る土人、叛逆する力を有するインディアン、おのれの解放のために闘う奴隷である」。「彼ら[福島住民と琉球民族]が『もの』ではないということ、生け贄にされるがままの山羊、野垂れ死にしつつあるだけの動物ではないということ、反対に彼らは、屈辱そして怒りを知る土人であり、闘う力を有し、実際に闘っているインディアンであるということだ」。すでに明らかなように、これをもって私への批判とすることはできない。なぜなら、**私が応答すべきと主張している沖縄人もまさにそのような琉球人にほかならない**からである。

〔33〕高橋哲哉「『日本人よ』と問うのは誰か―基地『引き取り』論の射程:仲里効氏に答える(続)」『N27「時の眼―沖縄」批評誌』第八号、二〇一七年六月、二八頁。本書第二章に所収。

五　琉球独立も基地引き取りを要求する

先に引用した箇所で、佐藤＝廣瀬氏はこう書いていた。

高橋自身も重要な転換点に位置付けている、二〇一〇年の鳩山政権による「県外移設」断念以降、そもそも、一体どうしたら、琉球人がなおも日本人に何事かを問いかけている、何事かを思考するように求めているなどと言えるのか。「沖縄の『戦争』を終わらせるためには、もはや『独立』しかない」（松島泰勝）という情勢判断に対して、一体どうしたら今日もなお、勇み足に過ぎるなどと言えるのか。

両氏の見立てでは、鳩山政権による「県外移設」断念を境として、それ以前は沖縄からの県外移設＝「基地を引き取れ」という声はあったが、それは「問いかけ」である限り「野垂れ死にしつつあるだけの動物」の呻きにすぎず、無力であった。そして以後は、沖縄は「独立や民族解放を現実的目標に据えて闘争を展開する」段階に入ったので、県外移設＝「基地を引き取れ」という声もなくなった、ということになるだろう。

県外移設要求と琉球独立運動との対比は、先の引用に続く箇所では基地「引き取り」と基地「返還」との対比として語られる。

今日の琉球人は、日本人に問いかけているのでも、**基地引き取りを求めているのでもなく**、端的に言って、まず、**基地を返還しようとしている**。〔中略〕琉球人は自力で独立へと歩を進め、在琉米軍基地を日本人に返還する。**日本人は、基地を引き取るのではなく、基地を返還される**。〔中略〕日本人による基地引き取りを語ることが許されるのは、琉球人による基地返還の可能性の一切が消尽してしまったと判断される状況においてのみのことなのである〔34〕。

こうした展開に、レトリック以上のものを見出すことはできないだろう。第一に、「『沖縄の『戦争』を終わらせるためには、もはや『独立』しかない」（松島泰勝）という情勢判断に対して、一体どうしたら今日もなお、勇み足に過ぎるなどと言えるのか」という反語について。これを読む読者のほとんどは、私が「もはや『独立』しかない」という松島泰勝氏の判断に対して、「勇み足に過ぎる」とどこかで言っているのだろ

〔34〕佐藤嘉幸・廣瀬純『三つの革命　ドゥルーズ＝ガタリの政治哲学』、三四六―三四七頁。

うと思うだろう。「琉球独立など時期尚早だ」などと、どこかで言っているのだろうと思うだろう。だが、**私は一度たりともそんなことを言ったことはない。そのような趣旨のことを言ったこともない。**佐藤＝廣瀬両氏は、私がそのように言っていると主張するのであれば、その証拠を示すべきだ。

私は「もはや『独立』しかない」という「情勢判断」に対して「勇み足に過ぎる」などと言ったことがないだけではない。そのように**考えたことすらない。**日本からの独立は、歴史的に日本国から奪われてきた沖縄の「自己決定権」の最も根本的な行使であり、沖縄の人びとが独立を決めるなら、私はそれを支持するし、日本国と日本人が沖縄独立に**反対することに反対する。**

第二に、「日本人は、基地を引き取るのではなく、基地を返還される」という言明について。なるほど、日本人による「引き取り」と琉球人による「返還」という対立構図は、後者を語る佐藤＝廣瀬氏が琉球人の主体性を尊重しているのに対して、前者を語る私はそれを否定しているという印象を強めることに役立つかもしれない。だが、それはあくまで印象にすぎない。

これまで見てきたように、日本人による「引き取り」は、沖縄側の県外移設要求への応答にほかならない。それは、「日本人よ、今こそ沖縄の基地を引き取れ」という沖縄側の**主体的な要求を受けた**日本側の行為であり、単に主体的でも単に受動的でもない行為、応答責任（レスポンシビリティ）による行為である。日本側が「引き取る」ならば、それは沖縄側が「引き取らせた」とも言える。日本側が「引き取る」とき、それは沖縄側が「返還した」とも、日本側が「返還された」とも言える。そして、琉球が独立によって日本に基地を「返還する」ならば、日本にとってはそれは「引き取る」ことでもあり、「返還される」ことでもある。

私は以前、次のように書いたことがある。

〔前略〕問題から逃げたいがために沖縄独立を「勧める」日本人は、沖縄独立が実現したら、基地は沖縄なき日本が**引き取る**ことになることを考えていない。沖縄の米軍基地は一九七二年以降、「日米」安保条約によって置かれているのだから、沖縄が日本から独立すれば、条約の規定によって米軍基地は、日本国外となった沖縄から日本国内に**引き取る**のが当然のこととなる。自衛隊基地についても同じだ。

それでも日米が力ずくで基地を沖縄に置き続けようとするなら、国際法違反とならざるをえない〔35〕。

〔35〕高橋哲哉『沖縄の米軍基地　「県外移設」を考える』、一九〇頁。

お望みならば、文中の「引き取る」を「返還される」に代えることもできるが、「引き取る」のままでも特に支障は生じないだろう。「返還」は独立、「引き取り」は独立の否定などという二項対立は実質的意味をもたないのだ。
念のため、ここでも松島泰勝氏の文章を引いておこう。

琉球**独立**後、日本は米軍基地を琉球から**引き取る**ことになります。それを廃止するか、そのまま存在させるかは日本人の自己決定権に委ねられます〔36〕。

基地を琉球にそのまま残すという選択肢は琉球独立の場合、ありえません。日米同盟を堅持し、米軍を日本の抑止力と考える日本政府、日本人は、琉球**独立**後、琉球にある自衛隊基地と米軍基地を自国内に**引き受ける**ことになります〔37〕。

琉球独立による基地の日本への「返還」は、日本が基地を「引き取る」ことでもあることを、独立論の代表的論者である松島氏が語っている。沖縄側は「基地を引き取らせることによって返還する」のであり、日本側は「基地を引き取ることによって返還される」のだから、何の不思議もないだろう。
日本人による引き取りが沖縄側の県外移設要求への応答であるということは、佐藤＝廣瀬氏の表現を借りて言うなら、「マイノリティの始動させる運動の中にマジョリティが巻き込まれるのであって、その逆ではない」。同じく佐藤＝廣瀬氏の表現であるが、「琉球人の闘争を介して日本人は否応無しに政治過程の中に投げ込まれ」るのだ、と言ってもよい。あるいはまた、こう言ってもよい。県外移設要求において、琉球人は「断末魔にあって呻き叫ぶだけで精一杯の『もの』などでは些かもなく、政治は彼らの闘争によって始まっているのだ」と。

県外移設要求、すなわち「日本人よ！　今こそ沖縄の基地を引き取れ」という要求は、琉球人の政治的闘争なのである。日本国と日本人の植民地主義、「民主主義」に対する政治的闘争なのである。廣瀬氏も佐藤氏も私も日本人であるならば、この間ずっとこの政治に「否応無しに」巻き込まれてきたし、今も巻き込まれている。すなわち、「基地を引き取れ」という要求に応答を求められているのだ。

ところが、佐藤＝廣瀬氏は県外移設要求を無視する。「2010年以降、琉球人はもはや、在琉米軍基地の『引き取り』を日本人に求めていない」などと言って、それを無きものとしてしまう。だからこそ、「日本人による基地引き取りを語ることが許されるのは、

〔36〕松島泰勝『琉球独立　御真人（うまんちゅ）の疑問にお答えします』、一二四頁。
〔37〕同書、一三〇—一三一頁。

琉球人による基地返還の可能性の一切が消尽してしまったと判断される状況においてのみのこと」などと、悠長なことが言えるのである。

六　「哲学」の図式を押しつけるべきでない

佐藤＝廣瀬氏の拙論への批判について、あと二点のみ触れておく。

その一つは、哲学との関係である。先に引用した箇所で佐藤＝廣瀬氏は、私が「福島や琉球を『犠牲』というタームで語ること」で「福島住民や琉球民族の闘いの存在を否認」しており、この「否認」によって私は、「政治の唯一の可能性が哲学に見出されるような地平、政治哲学だけが唯一可能な政治であるとされるような地平」を獲得するのだ、と言っていた。そして、さらに続けてこう言うのだ。

情勢に照らせば単なる「もの」(ドゥルーズ＝ガタリの言葉を用いれば「犠牲者」)などでは微塵もないことが明らかな者たちを高橋は、「靖国」という別の事例を語るために構築した「犠牲のシステム」論(「国家と犠牲」論)の内に捕獲し、彼らを「もの」に還元して、一人で勝手に絶望しているように、私たちには思われる(同じような超歴史的操作は、例えばジョルジョ・アガンベンにも顕著だが、これについては別の機会に論じたい）。そのように勝手に絶望することで高橋は、彼自身の生業でもある哲学の「出る幕」を、政治の舞台上に無理やり確保しようとしているように、私たちには見えるのだ（同様の批判を『哲学とは何か』に向けてみるのも恐らく無駄ではない。同書の著者たち［ドゥルーズ＝ガタリ］にとって、「哲学とは何か」と問うことが先だったのか、それとも、政治的な絶望が先だったのか。絶望ゆえこその哲学なのか、哲学のための絶望なのか）〔38〕。

「犠牲」を語ることが闘争の「否認」だなどという主張が成り立たないこと、私が「福島住民や琉球民族」を「単なる『もの』」に還元などまったくしていないことについては、すでに論じた。そうである以上、これらを理由として佐藤＝廣瀬氏が「私たちには思われる」とか、「私たちには見えるのだ」と言っていることがら、すなわち、私が「政治的に「絶望」しているとか、それゆえ「政治哲学だけが唯一可能な政治であるとされるような地平」を必要としたのだとか、自分の「生業」である哲学の「出る幕」を「政治の舞台上に無理やり確保」しようとしたのだとかいったことがらも、根も葉もないうわさ話にす

〔38〕佐藤嘉幸・廣瀬純『三つの革命　ドゥルーズ＝ガタリの政治哲学』、三四四―三四五頁。

ぎなくなる。

　私は絶望などしていない。私が「勝手に絶望している」のではなく、佐藤＝廣瀬氏が「勝手に」私に絶望を押しつけているにすぎない。沖縄の人びとによる県外移設要求、「琉球民族」による独立運動は、まさに「人民自身による新たな人民の創造」にほかならない。そのような政治が現に展開されており、私もそれに「巻き込まれ」ている以上、私には絶望する理由がない。

　なぜ、佐藤＝廣瀬氏は、私が沖縄の「犠牲」を語ることで「琉球民族の闘い」を否認しているなどと言えるのか。なぜ、沖縄の人びとを「単なる『もの』」に還元して、「勝手に絶望している」などと言えるのか。なぜ、私が政治的に絶望して、「政治哲学だけが唯一可能な政治であるとされるような地平」を手に入れた、などと言えるのか。

　それは一言でいえば、**佐藤＝廣瀬氏自身が、彼らの「哲学」の図式に収まるように私の議論を裁断しているから**である。彼らの「哲学」とは何か。「ドゥルーズ＝ガタリの政治哲学」である。佐藤＝廣瀬氏は、**「ドゥルーズ＝ガタリ主義者であらんとする者」**[39]であると宣言している。

　『三つの革命　ドゥルーズ＝ガタリの政治哲学』という書物は、ドゥルーズとガタリの主要な三つの共著、『アンチ・オイディプス』(一九七二年)、『千のプラトー』(一九八〇年)、『哲学とは何か』(一九九一年)を、「資本主義の打倒」をめざして、「ただ一つの一貫した革命戦略」のもとに、「三つの異なる戦術」を描き出したものとして読解したうえで、そこで得られた図式によって、「結論」において「二〇一一年以降の日本」の政治状況、社会運動を分析する。そして、私の議論を、政治的な「絶望」のもとで書かれたと両氏が考える『哲学とは何か』の図式に対応させるのである。

ドゥルーズ＝ガタリを論じる私たちにとって看過し得ないのは、高橋の議論が『哲学とは何か』での「政治哲学」論と**よく似ている**、より積極的に言えば、**ほとんど同じ**である、という点だ（本書第三部第一章で私たちは、『哲学とは何か』について、ドゥルーズ＝ガタリがデリダに最も接近した著作であることを指摘したが、周知の通り、高橋は自他共に認めるデリダ派哲学者であり、「犠牲のシステム」論もデリダの哲学に立脚したものである）〔40〕。

私は「自他共に認めるデリダ派哲学者」であるから、「ドゥルーズ＝ガタリがデリダに最も接近した著作」である『哲学とは何か』の議論が、私の議論に「よく似て」いたり、

〔39〕同書、三一五頁。
〔40〕同書、三四一頁。

「ほとんど同じ」であっても不思議はない、とのことである。しかし、私とデリダの関係は、私がデリダのテクストを比較的よく読んできて影響を受けてきたという程度のものであり、「デリダ派」と言われるほど私の議論はデリダに忠実ではない。また、私の議論が『哲学とは何か』と「よく似ている」とか「ほとんど同じ」であると言えるのは、肝要な点をいくつか見落としているからにすぎない。

社会主義体制の解体期に執筆され発表された『哲学とは何か』における著者たちの絶望は、レーニン的切断がその一切の効力を失ったという当時の彼らの情勢判断に由来する絶望であり、この絶望こそが彼らに、「哲学とは何か」という問いを政治の問いとして立てさせたのだ。この絶望こそが彼らに、今日ではもはや〔中略〕民主主義と等価交換が確保された内部に身を置く人間だけがなし得る営みとしての哲学以外に今日、可能な政治は一つもない、と言わせたのである〔41〕。

まず私は、ドゥルーズ＝ガタリのこうした「絶望」を共有していない。すなわち、「搾取され支配された大衆」や「マイノリティ」による闘争はもはや可能ではなく、「マジョリティ」の営みとしての哲学だけが「政治」でありうる、などといった「絶望」は私のものではない。

『哲学とは何か』では、「私たち」によるマジョリティからの脱領土化が、マイノリティによる生成変化に先立つとされている。ゲットーからの脱領土化も許されないマイノリティは「死せる動物」と同一視され、この死せる動物を眼前にして「人間であることの恥辱」（マジョリティであることの恥辱）を感じる限りにおいて、「私たち」の方がまず、マジョリティ（等価交換と民主主義を享受する社会民主主義的「人間」）から自らを脱領土化してマイノリティ性への生成変化（「動物をなす」）に入る、とここでは論じられている〔42〕。

私の議論では、マイノリティの闘争（県外移設要求、独立運動）の方がマジョリティの運動（基地引き取り）を引き起こすのであって、逆ではない。そして何よりも、マイノリティが「死せる動物」と同一視される、などということもない。マイノリティを「犠牲のシステム」における「犠牲の山羊」たらしめようとするのはマジョリティであって、マイノリティは**「犠牲の山羊」とされることを拒否して**「犠牲のシステム」を解体しようとす

〔41〕同書、三四四頁。
〔42〕同書、二四九頁。

るのである。マイノリティを「死せる動物」としてその「力能」を否定し、マジョリティのみに政治の可能性を認めるのは『哲学とは何か』の議論であったとしても、私の議論ではない。これらすべての違いを無視して、両氏自らドゥルーズ＝ガタリの「絶望」の所産だとする『哲学とは何か』の図式を、私の議論に「無理やり」押しつけるべきではない。

　さらに問うなら、佐藤＝廣瀬氏は、両氏の哲学（「ドゥルーズ＝ガタリ主義者であらんとする」両氏にとって、それは「ドゥルーズ＝ガタリの政治哲学」であろう）を、私の議論にだけでなく、「福島住民の闘争」や「琉球人の闘争」にも押しつけてはいないだろうか。両氏の哲学は、「資本主義の廃絶」という意味での「革命」を「明確な目標」としており、「賃労働にもはや立脚しない新たな生の創造」をめざしている。したがって、両氏にとっては、今日の日本に見られる三つの社会運動、すなわち「市民」による「反ファシズム闘争」、「プレカリアート」による「階級闘争」、「琉球人と福島住民」による「権利闘争」は、この同じ一つの目標に向かう「三つの戦線」なのである。

　「反原発」とは**反労働**のことであり、「脱原発」とは**賃労働に立脚した生からの脱領土化**のことに他ならない〔43〕。

　基地廃絶を求める琉球労働者たちは、彼ら自身の階級利害に反する熱狂を生きているのであり（分裂者的リビドー備給）、この熱狂の絶対性に押されて彼らは、**賃労働にはもはや立脚しない新たな生を創造する**過程（生成変化）の上へと自らを再領土化するのである〔44〕。

佐藤＝廣瀬氏がドゥルーズ＝ガタリとともに、「資本主義打倒」や「賃労働にもはや立脚しない新たな生の創造」を目標に掲げることには何の問題もない。しかし、「反原発」は即「反労働」であり、「脱原発」「基地廃絶」は即「賃労働からの脱却」であるという認識には、いささか無理があるのではないか。実質的な根拠はまったく示されていない。今日の「琉球人の闘争」は「独立や民族解放を現実的目標に据えて闘争を展開」している、と佐藤＝廣瀬氏は言う。しかし、琉球民族独立総合研究学会の公的文書を見ても、松島泰勝氏の諸著作を見ても、独立琉球を資本主義と賃労働を廃止した社会にしたいという「熱狂」は見当たらないように思われる。

マイノリティの運動に対して、その運動が掲げる目標を超えて、その運動の最終目的地をマジョリティの「哲学者」が**指定する**ことは、もっともすべきでないことの一つである。

〔43〕同書、三二八頁。
〔44〕同書、三三六頁。

佐藤＝廣瀬氏の「勇み足」ではないか。

七　作家が恐れたかもしれないこと

もう一点、最後に、大江健三郎氏の発言の件に触れておこう。

二〇一四年四月、法政大学沖縄文化研究所で「沖縄の問いにどう応えるか　北東アジアの平和と普天間・辺野古問題」というシンポジウムが開催され、基調講演に立った大江氏は、その冒頭で、「沖縄の問いにどう応えるか」といっても、「もう私たちは「沖縄の人たちから」問いかけられていないんじゃないか」と述べた。この発言について私が拙著で書いたことをめぐって、佐藤＝廣瀬氏はこう言うのだ。

『沖縄の米軍基地』で高橋は大江のこの発言に触れ、事実上、批判している。高橋の批判が向けられるのは、直接的には、大江がそこから導く結論、「本土の人間のなし得る唯一の闘争」は憲法九条を護り抜くことだとする結論に対してだが、しかし、それを通じて高橋は、日本人が琉球人からもはや何も問いかけられていない、という認識それ自体に対しても不賛同を表明している。［中略］琉球人は日本人に何も問いかけていない、という大江の指摘は、しかし私たちには、大江本人がどういう意図でそれを言ったにせよ、琉球民族の今日の闘争を正しく捉えたものであるように思える。独立や民族解放を現実的目標に据えて闘争を展開することは、野垂れ死にしつつあるその直中で呻き叫び、その呻きと叫びによって日本人に何事かを「問いかける」といったことではまるでない[45]。

「日本人が琉球人からもはや何も問いかけられていない」と言えるのは、佐藤＝廣瀬氏が「問いかける」ことを「野垂れ死にしつつあるその直中で呻き叫」ぶことに切り詰め、県外移設要求の存在を無化する限りにおいてでしかないこと、あらためて言うまでもない。私が二〇一四年四月の講演での大江氏の発言を疑問視したのも、その結論が「憲法九条護持」にとどまっていたためである以上に、そこで県外移設要求が一顧だにされていなかったためである。

『沖縄ノート』から今日まで、沖縄に熱い関心を持ち続けてきた大江氏が、大田昌秀知事の応分負担論以降「沖縄が一貫して訴えてきた」（山城博治氏）[46]と言われる県外移設論を知らないはずはない。ことに、民主党政権時、鳩山由紀夫首相が普天間飛行場の県外移

〔45〕同書、三四五―三四六頁。なお、拙著『沖縄の米軍基地』の関連個所は、一九―二〇頁。

設を追求した際の沖縄の人びとの期待と、それが裏切られた際の怒りを、大江氏も私たちとともに目撃していたはずである。にもかかわらず、「何も問いかけられていないのではないか」と言えるとしたら、県外移設要求の存在は大江氏のなかで、意識的にか無意識的にか否認されているのではないか。

この点に関して、一つのエピソードを紹介しておきたい。

二〇一五年六月二一日、沖縄の宜野湾市で「大江健三郎氏講演会　沖縄から平和、民主主義を問う」（琉球新報戦後七〇年企画）の開催が予定されていた。ところが当日になって、大江氏の体調不良のため突然キャンセルされる。大江氏は前日、米軍基地建設予定地を海上と陸上から視察、その「疲労とショック」のためではないかとも言われた。この出来事を大江氏は自ら「失敗」と呼び、沖縄の人びとへの「お詫び」を込めた長文の手記をしたため、同年八月七日付の琉球新報に掲載する〔47〕。私はその中にある次の部分に注目せざるをえなかった。

準備していた講演の要約にあわせて書いてゆきますが、その前にひとつ加えておきたいことがあります。私の失敗の日を発行日にした一冊の本が郵送されており、それがあれ以来最初の読書になったのですが、そこに私の沖縄への見方を深められるところがあり、私にもうひとつの気掛りが起っているのです。それは私が沖縄の秀れた研究者たちと行なったシンポジウムでの、私の発言についてのものです。『沖縄の問いにどう応えるか　北東アジアの平和と普天間・辺野古問題』という設定に、私は「もう私たちは(沖縄の人たちから)問いかけられていないんじゃないか」と、まず発言しているのです。著者高橋哲哉氏は、こう評していられます。《県外移設の要求は、沖縄から「本土」への、沖縄人(ウチナーンチュ)から日本人(ヤマトゥンチュ)への、鋭い問いかけである。「私たちはもはや沖縄の人たちから問いかけられてさえいない」とは、とうてい言えない。県外移設をなぜ受け入れないのか、という問いかけが、沖縄から「私たち」に向けて不断に発せられているのだから。》(『沖縄の米軍基地─「県外移設」を考える』集英社新書)

そして**私の不安は、那覇で倒れた私は身体的な原因によるのじゃなく、沖縄の若い人たちからこのように答えがたい質問を受けることを恐れて、無意識に逃れようとしていたのじゃなかったか?**　こういうことです。

(46) 山城博治「沖縄・再び戦場の島にさせないために」川満信一・仲里効編『琉球共和社会憲法の潜勢力──群島・アジア・越境の思想』未來社、二〇一四年、二〇一頁。

(47) 大江健三郎「沖縄の若い人たちと話し合えなかった」琉球新報、二〇一五年八月七日。

大江氏は、拙著（『沖縄の米軍基地』）を読んだのが沖縄から東京へ戻った後だったことにわざわざ言及している。氏は沖縄に発つ前には拙著を読んでいなかった。なぜなら、それは「あれ以来」すなわち「失敗」に終わった沖縄講演旅行の後の「最初の読書」であったから。

ただし、実を言えば、氏は沖縄に発つ前に拙著を読むこともできたはずだった。というのも、私は発行日のずいぶん前に入手していた拙著の見本のうちの一冊を、六月一三日にはすでに、大江氏への献本として手紙とともに送っていたからである。沖縄に発たれる前に読んでいただければ、「沖縄からの問いかけ」と県外移設要求について、二一日の講演で氏自身のスタンスを語ってもらえるかもしれないと密かに期待したのである。

ともあれ、大江氏は拙著を読んでくださった。そしてそこに「私の沖縄への見方を深められるところ」があると認め、それによって、講演中止による「後悔」や「未練」の思いのほかに「もうひとつの気掛り」、「不安」が生じたのだという。その「不安」とは、「那覇で倒れた私は身体的な原因によるのじゃなく、沖縄の若い人たちからこのように答えがたい質問を受けることを恐れて、無意識に逃れようとしていたのじゃなかったか」というものである。要するに、大江氏はここで、率直にも、自分が倒れたのは**県外移設要求に直面することを恐れたから**ではないか、**その「問いかけ」から逃げようとしたから**ではないか、と自問しているのである。

大江氏は当然、県外移設要求の存在を知っていた。そしてそれが、沖縄の人びとから自身を含む「本土」の「私たち」に向けられていることを知っていた。つまり、公けには「もう私たちは（沖縄の人たちから）問いかけられていないんじゃないか」と述べながら、実際には、県外移設要求という「問いかけ」が向けられていることを知っていた。そうでなければ、ここで、（氏によれば）**拙著を読む前に沖縄で講演に臨むその朝に、県外移設要求に直面することへの恐れから倒れた**のかもしれない、などと語ることはできないはずだから。

第七章

「沖縄人」と「日本人」あるいは〈境界を超える〉ということ

大畑凜氏への応答

一　「二項対立」批判とナショナリズム問題

基地引き取り論はしばしば、「日本人」と「沖縄人」との二項対立という誤った前提に立つものだと批判される。「日本人」と「沖縄人」を対立させるのはよくないといった比較的素朴なものから、「日本人」と「沖縄人」という概念そのものを問題視するものまで、表現はさまざまであるが根強く存在する異論である。

拙著『沖縄の米軍基地　「県外移設」を考える』の第四章では、新城郁夫氏の県外移設論批判に応答するなかで、県外移設論＝基地引き取り論は基地の沖縄集中を「日本人」による「沖縄人」への差別として「民族化」し、「人種主義的境界化」を行なっているという新城氏の議論への反論を示した〔1〕。ここでは、大畑凜氏（社会思想史）の論考「抵抗運動と当事者性――基地引き取り運動をめぐって」〔2〕の議論を取り上げる。大畑氏はこの論考の「固定化されるポジショナリティ」と題した節で、私の議論への直接的な批判を提起しているからである。

大畑氏はまず、大阪で引き取り運動に携わる松本亜季氏の「ポジショナリティー」理解を取り上げ、それと私のポジショナリティ論との「明らかな」「矛盾」を指摘する〔3〕。

「ポジショナリティー」(positionality)とは一般に「ある人の置かれた政治的権力的位置」として理解されており、「他者との関係において、相手に対して、どのような政治的権力的位置にある者として現われているか」を表わす概念である。県外移設論=基地引き取り論では基本的に、日米安保条約に基づく米軍基地の多くを沖縄に押しつけてきた「日本人」は、「沖縄人」に対して「植民者という権力」(野村浩也氏)として現われており、「差別する側」というポジショナリティを有している、と考えられる。

大畑氏が問題にするのは、「個人の信条がどうであれ(略)沖縄に差別政策を強いている日本政府を支えてきた(方針転換をさせられていない)日本人であるという『ポジショナリティー』は変えられないものです」〔4〕という松本氏の記述である。これは私のポジショナリティ理解と「明らかに矛盾する」ものだという。なぜなら、「高橋によれば、問題は『日本人』のポジショナリティであってアイデンティティではなく、『沖縄人』への差

〔1〕高橋哲哉『沖縄の米軍基地　「県外移設」を考える』集英社、二〇一五年、一四一頁以下。
〔2〕大畑凜「抵抗運動と当事者性——基地引き取り運動をめぐって」冨山一郎・鄭柚鎮編『軍事的暴力を問う　旅する痛み』青弓社、二〇一八年、二二二頁以下。
〔3〕同書、二二九頁。
〔4〕松本亜季「『県外移設』という問い①」琉球新報、二〇一五年八月二〇日。

別や植民地主義をやめること――ここでは基地を「本土」に引き取ること――で『日本人』としてのポジショナリティはやめられるものだ」からである。

「日本人」としてのポジショナリティは「変えられない」とするのと「やめられる」とするのとでは、たしかに一見矛盾しているように見える。この「矛盾」を大畑氏は、「理論と運動とのズレや言葉の厳密さ」によるものとしてはならず、「高橋や野村が強調するポジショナリティの議論の必然的な帰結として理解すべきだ」と主張する。「必然的な帰結」とはどういうことか、必ずしも判然としないが、大畑氏の叙述を追う限り、おそらくこういうことであろう。「高橋や野村」のように、沖縄の基地問題の「真の責任主体」を「日本人」に求めるならば、いくらポジショナリティは変えられると言ったところで、それが固定的な「日本人」というアイデンティティと区別しがたくなっていくのは「必然的」でしかない、と。

実際、大畑氏の論は次のように続く。

高橋はその著書のなかで、沖縄のアメリカ軍基地問題はあくまでも「本土」や国民＝「日本人」が解決すべき事柄であるとしている。基地引き取りは日米安保体制を維持することになるのではという批判に対して高橋は、それは「『本土』の有権者の意思にかかっているのであって、『本土』の国民の責任なのだ」とする。また別の箇所でも高橋は、「沖縄の反基地運動がいかに高揚しようとも、沖縄から米軍そのものを解体するのは不可能で、それができるのは米国とその主権者たる米国民のみだろう」とする。

ここから看取できるのは、政治的主体性はそれぞれの国での国民化を通してしか立ち上げられないという理解であり、真の責任主体として「本土」の国民＝「日本人」が立ち現れることが望まれるなかで、ポジショナリティ自体が揺らぎのない閉鎖的で単一的なアイデンティティと近似する位置に近づいていくのである。またここでは、アイデンティティそれ自体の複数性、輻輳性、可変性、揺れといったものが捨象され、人種的・民族的かつ国民的なアイデンティティだけが抽出されていく。沖縄と日本との作られた対抗関係のなかですべては、固定的な二項対立を前提とするポジショナリティ／アイデンティティの議論へと横滑りするのだ〔5〕。

このように、大畑氏もまた、「すべて」は「沖縄と日本」という「固定的な二項対立」の「前提」に帰着するかのように議論する。「政治的主体性」が「国民的主体化を通してしか立ち上げられない」ことへの批判は、ナショナリズム批判ないし国民国家批判の反復

〔5〕大畑凜、前掲書、二三〇頁。

である。これらの議論に対し、あらためて私の立場を説明しておきたい。

二　ポジショナリティの可変性について

まず、松本氏と私のポジショナリティ理解の「矛盾」について。私にはこれは「矛盾」とは思えない。松本氏の原文を省略せず読んでみよう。

まず、明確にしなければならないのは、「ポジショナリティー」の意味だと思います。私たち「引き取る行動・大阪」のメンバーも全員が、基地はどこにもないほうがいいと思っていますし、日米安保条約も即刻破棄すべきだと思っています。しかし、個人の信条がどうであれ、日米安保条約の支持者が8割にのぼる日本社会の中で、沖縄に差別政策を強いている日本政府を支えてきた（方針転換をさせられていない）日本人であるという「ポジショナリティー」は変えられないものです〔6〕。

ここから、松本氏がポジショナリティを何か実体的に不変のものであると（いわゆる**本質主義的**に）考えている、と結論するのは無理であろう。松本氏の趣旨は、日本「本土」

の国民であれば、たとえ個人の信条としては日米安保に反対であったり、沖縄への基地集中に反対であったりしても、それだけでは、沖縄に対する「構造的差別」の差別する側にいるという政治的権力的位置は変えられない、ということであろう。「引き取る行動・大阪」のメンバーのように基地引き取りをめざして行動する場合でさえ、日本政府の差別的基地政策を変えられていない限りは同じであって、「植民者という権力」というポジショナリティは「個人の信条」を超えた構造的なものである、ということだろう。

逆に言えば、沖縄の基地問題に関する「日本人」のポジショナリティは、日本政府の差別的基地政策をやめさせることができれば変えられる。松本氏らはまさにそれをめざして引き取り運動を行なっているのである。沖縄への基地押しつけをやめさせることによって、「沖縄人」に対する「植民者」、「差別者」であるという自らのポジショナリティを変えたいと思うからこそ、引き取り運動を実行しているのだ。ポジショナリティは「固定的」でいかにしても変えられないと信じている人が、どうして引き取り運動を始めるだろうか。

要するに、松本氏と私は、沖縄に基地を押しつけている「日本人」のポジショナリティは個人の意見や信条や行動だけによっては変えられないと考える点で一致しており、日本政府の基地政策を変えさせることができればポジショナリティも変えられると考える点で

〔6〕松本亜季、前掲論考。

も一致しているのである。

三　応答責任の普遍性と国民としての責任

次に、アイデンティティについて。

大畑氏は、私の議論では「アイデンティティ」が「揺らぎのない閉鎖的で単一的な」ものとされ、「アイデンティティそれ自体の複数性、輻輳性、可変性、揺れといったものが捨象され、人種的・民族的かつ国民的なアイデンティティだけが抽出されていく」と述べている。基地引き取り論は、沖縄への差別的基地政策における「日本人」の責任と「沖縄人」の犠牲を問題にする。この「日本人」と「沖縄人」との関係を氏のように「固定的な二項対立」と受け取るならば、「アイデンティティ」について右のような印象を受けるのも無理からぬことかもしれない。しかし、実際の事情はそんな単純なものではない。

右に引用した大畑氏の文章の最初のパラグラフでは、第一に沖縄の米軍基地問題の解決が、第二に日米安保体制の解消をめざすことが、第三に「米軍そのものを解体する」企てが問題にされている。大畑氏はそれぞれに取り組むべき「政治的主体」について、私が第一、第二については「日本人」、「本土」の国民、「本土」の有権者**のみ**とし、第三については「米国とその主権者たる米国民**のみ**」としている、と受け取っている。こうして大畑氏は、私が「政治的主体性はそれぞれの国での国民化を通して**しか**立ち上げられないという理解」をしていると結論するのだが、無理な結論と言わざるをえない。

私はこれまでさまざまな場面で事実上の「政治的主体性」について論じてきたが、それが「それぞれの国での国民化を通して**しか**立ち上げられない」と主張したことは一度もない。それは右の三つのケースについても同様である。

一九九〇年代半ば以降、私は戦後日本人の「戦後責任」について論じるなかで、「応答責任」（応答可能性 responsibilityとしての責任）という概念を重視してきた。応答責任とは簡単に言えば、人間関係の基礎に呼びかけと応答の関係を想定し、他者からの呼びかけを聞いたら人はそれに応答するかしないか、応答するならどのような応答をするのかを迫られる、そこに責任が発生するということである。私はまた、この応答責任は**国境を超える**ということを繰り返し強調してきた。たとえば次のように。

> レスポンシビリティとしての責任は、呼びかけや訴えがあるところいたるところに生じるのです。テレビをつければ、また新聞を見れば、戦争とか、飢餓とか、貧困とか、難民問題とか、そのほか世界中で苦しんでいる人々の叫びや呻きや呟きが次々に飛びこんできます。国内にも助けを求めている人々はいるわけです。私たちはそのこ

とを知っています。多かれ少なかれ世界にそういう問題があることを知っている、呼びかけを聞いてしまっているわけです。［中略］
この応答可能性としての責任には、**原理的に国境という境界はありません。**呼びかけが聞こえるかぎり、そして、呼びかけが聞こえさえすれば、この責任は生じるのです。この呼びかけは、音声上は沈黙の呼びかけであってもちろんかまいません。沈黙がなんらかの呼びかけの意味をもって聞かれる、ということも当然あるでしょうから［7］。

あるいは、次のように。

現にたとえば、心ある日本人は、ヒロシマ・ナガサキからの呼びかけが世界中に届くこと、そのアピールが世界中の人々に聞かれることを願ってきたでしょう。逆に、アジア太平洋戦争に特別の関係をもたない国や民族の人でも、九〇年代になって続々と名乗り出てきたアジアの被害者たちの証言に衝撃を受け、たとえば証言を集めて記録するとか、専門の歴史家になるとか、さまざまなレスポンシビリティとしての応答を始めるということは十分ありえますし、現にあります。第三者が国境を超えた応答責任を感じて、この戦争の記憶を伝えることに大きく貢献することは当然ありうるわけで、それ自体としては何の不思議もないはずです。**応答可能性としての責任は国境を知らない**、このことを強調したいと思います。加害者と被害者の枠をも超える。つまり呼びかけを聞く、というただそれだけのことから始まるのです。この責任はしたがって、**いつでも、どこでも始まることができる**。この責任の**徹底的に開かれた性格**を、そしてその重要性を私は大いに強調したいと思うのです〔8〕。

このように責任の普遍的次元を押さえつつ、同時に「国民としての責任」および「歴史的責任」による差異化を行なう。たとえば日本国民という意味での「日本人」は、日本国家の政治的主権者として法的・政治的存在であり、日本政府の法的・政治的行為に対して、他国の国民にはない特別の政治的責任を有する。

日本人と日本政府との関係は、たとえばフランス人や韓国人やインド人といった人々と日本政府との関係とは明らかに違います。日本人は日本国家の政治的主権者だ

〔7〕高橋哲哉『戦後責任論』講談社、一九九九年、三三―三四頁。同書、講談社学術文庫版、二〇〇五年、四〇―四一頁。
〔8〕同書、三八頁。講談社学術文庫版、四五―四六頁。

からです。日本人である私と日本政府との関係は、法的に規定された、そのかぎりでいわば〝客観的〟な関係です。もちろんこの〝客観性〟は自然の客観性とは異なり、人為的なものですが。

たとえば私が、「自分は日本人であることに重きを置きたくない」とか、「日本人としてではなくコスモポリタンとして、あるいは個人として、あくまで〈私〉として行動したい」とか主観的に思っても、思わなくても、この関係は厳然として存在します。あたりまえのことですが、脱税したら追及されるという意味では私は日本国民として日本国家に拘束されています。選挙権や被選挙権という形で参政権をもつという意味では私は日本国の政治的主権者の一人です。外国旅行するときには日本政府発行のパスポートに守られているという意味では、私は日本国民としてある種の利益を享受しています。これらの関係を当然のこととして生活しながら、日本国家が戦争責任の履行を求められたときだけ「自分は関係ない」ということはできないでしょう。**日本人は日本国家の主権者として、日本国家の政治的なあり方に責任を負っています**〔9〕。

フランス人であっても韓国人であってもインド人であっても、その他のどの国の人であっても、あらかじめ日本とは何ら具体的関係をもっていなかった人でも、日本国内の政治的問題に何かのきっかけで関心をもち、応答責任の次元で人間的責任を感じ、関与する、ということはありうる。日本政府を批判する発言や執筆をしたり、集会やデモや署名活動に参加したり、政治的意味をもつさまざまな活動に参加することが可能であり、現にそうした例は日常的にいくらでも存在する。しかし、外国人は憲法上日本国民に保障されているような参政権、主権者としての政治的権利は認められていないので、日本政府の行為に対してでも日本国民が主権者としてもつような責任は負うことがない。私は「日本人としての責任」を、基本的にはこのような「日本国民」としての政治的責任として理解している。

こうしてみれば、私が「政治的主体性はそれぞれの国での国民化を通してしか立ち上げられないという理解」をしているという大畑氏の批判が、失当であることは明らかだろう。私が「国民」に帰している「政治的主体性」はあくまで政治的主権者としての主体性であって、それ以外の「政治的主体性」を否定しているわけではまったくない。

たとえば、「沖縄から米軍そのものを解体する」という企ての場合。誰であれその企てに参加することを望むなら、米国民であるか否かを問わず参加することができるだろう。大畑氏の「米軍解体!」という呼びかけを聞いた世界各地の人びとがそれに「イエス」と応答して、「国境を越えて」「国籍」の別をも超えて沖縄に集まり、一緒に連帯して「米軍解体」の行動に出ることは可能であり、そのような「政治的主体性」の形成に何の問題も

〔9〕同書、四五―四六頁。講談社学術文庫版、五四―五五頁。

あるはずはない。そのような政治的主体化は、応答責任のあるところ「国民」の枠など容易に超えて、いつでもどこでも始まることができるのである。

とはいえ、それと、米国の主権者としての米国民の責任とは同じではない。たとえ百万人の多国籍の「政治的主体」が沖縄で「米軍解体」を企図したとしても、世界に展開する「米軍そのもの」を武装解除することは無理であろう。米軍が世界からなくなるためには、物理的にそれを解体する強大な実力に訴えるなら別だが、そうでない限り、米国の政治的主権者である米国民の意思とそれに支持された最高レベルの政治的決定が必要だろう。大畑氏は、米国の政治的決定以外にどのような「政治的主体」が米軍解体を可能にすると考えているのだろうか。

日米安保体制の解消をめざす場合も同様である。沖縄からであれ、東京からであれ、他のどこからであれ、「安保反対!」の呼びかけが発せられ、それに呼応して世界各地から共鳴者が反対運動に加われば、そこに「国境を越え」「国籍」の枠をも超えた多国籍の「政治的主体」が出現する。「安保反対」の政治運動の「主体」の一人となることには、事実上の困難(参加に要するコストや時間の制約その他、個別の事情に由来する困難)はありえても、原理的な困難は存在しないのである。

他方、日米安保条約の解消は、「安保反対」の政治運動が最大限に高揚した場合でも、日米両政府もしくはそのいずれかの政府の行為によって実現されるほかはない(現行日米安保条約第一〇条）。日本政府から安保解消を行なう場合には、その政府の行為を法権利上認めたり認めなかったりできるのは日本国の**有権者**であり、すなわち法的に規定された主権者としての日本国民である。この点で日本国民は、「安保反対」の政治運動を他国民の人びとと連帯して行なっていたとしても、他国民の人びととは異なる権利と責任を有していると言わなければならない。

四　国民内でのポジショナリティによる責任の差異

では、なぜ私は、沖縄の米軍基地問題の解決や日米安保条約の解消について、単に「国民」「有権者」の責任と言うだけでなく、それに加えて、「『本土』の国民」や「『本土』の有権者」の責任を語るのか。まさにここにこそ「ポジショナリティ」の概念が意味をもつ場面がある。すなわち、それらの問題に関しては、沖縄に対する「構造的差別」と呼ばれる事態のゆえに、同じ日本国民のなかでも「本土」の国民と「沖縄」の国民の間に責任の**実質的な差異**が存在すると考えられるのである。

「『沖縄』の国民」という言い方が曖昧であるなら、とりあえず「沖縄県在住の国民」と言ってもよい。ただ、「本土」在住の国民と沖縄県在住の国民とのポジショナリティの違いは、沖縄の言葉で言えば「ヤマトゥンチュ」（日本人）と「ウチナーンチュ」（沖縄人）のそれにおおむね収斂していくと私は考えている。と言っても、「本土」および沖縄県に住む日本国民以外のマイノリティを無視しようというのでもなければ、「本土」に住むウチナーンチュや沖縄県に住むヤマトゥンチュを無視しようというのでもない。「『本土』の国民」とヤマトゥンチュがイコールではなく、「沖縄県在住の国民」がウチナーンチュとイコールではないのは明白だが、歴史的にも現状においても「本土」在住の国民の圧倒的多数はヤマトゥンチュであり、沖縄県在住の国民の圧倒的多数はウチナーンチュであることがここでは重要だからだ。ここで問題なのは、あくまで日米安保体制下での米軍基地問題に関する**権力関係**にほかならない。それはアジア太平洋戦争終結後に限っても、**歴史的に維持されてきた「構造的差別」という権力関係**であり、「沖縄人」に基地負担を押しつけることによって「日本人」（ヤマトゥンチュ）が安全保障上の「利益」(10)を得るという権力関係なのだ。

「日本人」と「沖縄人」のポジショナリティの差異を構成する要素としては、まず、有権者数の比において前者が後者の約一〇〇倍にも上るという事実がある。それを反映して、国会議員における沖縄県選出の議員の割合は、衆議院で四六五人中四人の約〇・九％、参議院で二四五人中二人で約〇・八％、合わせると七一〇人中六人の約〇・八％にすぎない。この構造の下では、沖縄県在住の有権者は他の四六都道府県（すなわち「本土」）の有権者に対して、あるいは（上記とイコールではないが、ほぼ同様にして）「沖縄人」は「日本人」に対して、ほぼ百分の一の「固定的少数派」であり、たとえ沖縄県の有権者あるいは

〔10〕大畑氏は、拙著『沖縄の米軍基地』第二章・第三章で「日米安保の利益を享受している『本土』や『日本人』」という言明が行なわれているが、そこには「そもそも」「日米安保に守られる安全などありえるのか、という疑問」が欠けていると批判している。「仮に日米安保が『国益』を守っているとしても、それは人々の『安全』とイコールではない。日米安保が沖縄への基地偏重によって成立してきたことと、それをもって日本（人）が利益を享受しているとすることには隔たりがある」というのだ（前掲書、二三二頁）。

しかし、拙著の第二章・第三章でも他の箇所でも、私は「本土」や「日本人」が「日米安保の利益を享受している」と**自分の認識として**述べたことはない。私が述べているのは「沖縄に基地負担が集中されることで、『本土』の国民が基地負担を免れてきたこと、**基地負担を免れるという利益を得てきたこと**は明らかである」ということである（第二章、七九頁）。あるいは、「『本土』の安保反対者たち自身も**沖縄の基地負担分を免れる利益**に預かってきたのだし、今後もその構造は変わらない」ということである（第三章、一〇二頁）。

他方、私は「日米安保の利益を享受している『本土』や『日本人』」という表現を、世論調査で「日米安保条約は日本の平和と安全に役立っている」という回答が圧倒的多数に上る状況を指して用いることがある。たとえば、「在日米軍基地を必要とし、それを置くことの**利益を享受しながら（日米安保条約は『日本の平和と安全に役立っている』と感じながら）**」（第二章、八五頁）等々。

要するに、大畑氏の理解に反して私は、沖縄への基地集中によって「本土」は基地負担を免れるという利益を得てきたと言っているのであって、日米安保のおかげで「安全」という利益を得てきたと言っているのではないのである。

「沖縄人」有権者の全員が日米安保条約解消や「県外移設」やその他の基地問題解決策に賛成したとしても、「本土」あるいは「日本人」有権者の多くが反対する限り政治的には圧倒的に不利である、と言わざるをえない。これらの問題を米国に対して日本側からどうするかの決定権は、このシステムで犠牲を強いられてきた沖縄県あるいは「沖縄人」ではなく、「本土」あるいは「日本人」の有権者が握っているのが現実なのだ。このような政治体制上の構造的理由から、同じ日本国民のなかでも、実質的には「本土」の国民ないし有権者の「政治的主体性」が特別に問われなければならないと私は考えるのである。

ポジショナリティの差異を構成するもう一つの要素は**歴史性**である。「沖縄人」が日本国内で「固定的少数派」であることは、とくに歴史を考慮せずとも現在の政治体制だけから言えることであるのに対して、日米安保体制の成立から今日までの歴史を考慮することで初めて見出される責任の差異がある。旧日米安保条約の成立時には沖縄県民の参政権は停止されており、沖縄の人びとは百分の一さえも政治的意思を反映させることはできなかった[11]。現行の安保条約の成立時にも沖縄はまだ米国の施政権下にあり、沖縄の人びとは日本の国政に参加していなかった。いわゆる「復帰運動」が掲げたのも「即時無条件全面返還」の名において事実上の米軍基地撤去であって、安保体制下の日本への復帰ではなかった。そして「復帰」後、日米安保条約が維持されてきたのも、九九%の「日本人」の多数派がそれを支持・容認してきたからである。こうしたことを勘案すれば、日米安保体制を政治的に選択し維持してきたのは「本土」あるいは「日本人」(ヤマトゥンチュ)有権者の責任であって、「沖縄人」(ウチナーンチュ)の責任を考慮する余地がほとんどないことは明らかである。

確認しよう。沖縄の米軍基地問題であれ、日米安保体制の問題であれ、普遍的な応答責任のレベルでは、「人種」や「民族」や「国民」についてどんなアイデンティティを有していようと無関係に、徹底的に開かれた「政治的主体化」が可能であり、現にそれらにかかわる政治運動には多様なアイデンティティをもつ人々が参加し、連携している。安保反対運動や基地引き取り運動に、「日本人」や「沖縄人」や「在日朝鮮人」や「米国人」やその他のアイデンティティをもつ人々が集っているのは、現にある事実であり、そのことに何の問題もあるわけではない。しかし、「国民」としての責任や「国民」内でのポジショナリティの差異に応じた「政治的主体化」もまた存在するのであり、それは応答責任の普遍性と矛盾するのではなく同時に存在しているのである。

〔11〕一九四五年一二月一七日に公布された衆議院議員選挙法中改正法の附則で「沖縄県[中略]は、勅令を以て定むる迄は選挙は之を行わず」とされた。以後、日本「復帰」に備えて一九七〇年一一月一五日に実施された「国政参加選挙」まで沖縄の人びとは日本の国政に参加できなかった。

五　「人種的・民族的かつ国民的なアイデンティティ」について

大畑氏によれば、私の議論では「人種的・民族的かつ国民的なアイデンティティ」が「揺らぎのない閉鎖的で単一的な」ものとされ、それ「だけ」が政治的主体化を可能にし、それを通して「しか」政治的主体化が可能にならないものとして特権化されているのであった。だがそもそも私は、「人種」をも「民族」をも「国民」をも、「揺らぎのない閉鎖的で単一的な」ものと考えたことは一度もない。

私はかつて「戦後責任」を論じるなかで「民族」に言及し、次のように書いた。

たとえば戦後に日本に「帰化」した在日朝鮮人や中国人の人たちは、何世代も前からいわゆる「日本民族」に属している人たち——私もその一人です——と、現在の日本国家が負っている戦後責任にかんして、**あらゆる意味で同じ**責任を負うことになるのでしょうか。私はそうは思いません。これらの人たちは、法的に「日本国民」であることから生じる政治的責任についてはまったく同一でなければならない——これは政治的権利においてまったく平等であることと表裏一体ですから——としても、やはり現状では実質的に異なった戦後責任の内に置かれているといわざるをえないと思うのです。戦後半世紀、侵略戦争と植民地支配の過去に向き合うことができなかった日本政府の政策を許してきたのは、つねに日本国民の圧倒的多数派を占めてきた「日本民族」系の人々(エスニック・ジャパニーズ)ですし、いまも事情はまったく変わっておりません。そもそも日本社会において、在日朝鮮人や外国人の日本への「帰化」を認める権限、つまり日本国民としての政治的権利をだれに認め、だれに認めないかの権限を握っているのは、圧倒的多数派であるこの「日本民族」系日本人なのですから、この人たちの責任は**実質的には**はるかに大きいといわざるをえないと思うのです。私はこのことを、とりあえず、「日本人」としての政治的責任を共有する人々の中での**歴史的責任の相違**と呼んでおこうと思います〔12〕。

ここで「歴史的責任の相違」と言われているものは、先にポジショナリティの差異を構成する構造的・歴史的要素と呼んだもののうちの「歴史性」の差異に対応することは言うまでもない。

〔12〕高橋哲哉、前掲書、四九—五〇頁。同書、講談社学術文庫版、五八—五九頁。

さて、私がここで「日本民族」という言葉を鉤括弧つきで使っているのは、法（国籍法）という比較的明確な根拠をもつ「日本国民」とは異なり、「民族」はその概念の外延も内包もきわめて確定しにくいからである。「民族」なるものを**実体として**あるいは**本質主義的に**理解できないことは今日の知的常識に属する。にもかかわらず、文化習俗をかなりの程度に共有し、それによって他との相違を意識する人間集団が存在し、またそうした集団のいずれかにルーツをもつという歴史意識をアイデンティティとする人間集団が存在することは否定できない。エトノス、エスニシティ、エスニック・グループ等、さまざまな名前で呼ばれるこうした集団が歴史的に置かれてきた政治的権力的位置（ポジショナリティ）の相違によって、それらに属する者の間に生じるのが歴史的責任である。

日本国民の範囲は「帝国」による植民地支配の開始と終焉とともに、日本国家の権力作用によって大きく「揺らいだ」ことは言うまでもない[13]。現憲法下では国籍離脱の自由が保障される一方、新たに日本国籍を取得して国民となる者も少なくない。「国民」としてのアイデンティティは決して「揺らぎのない」ものでもなければ「閉鎖的」なものでもないのだ。それはまた必ずしも「単一的」なものでもない。国連加盟国の7割超は重国籍を認めており、日本の国籍法は重国籍者に選択を求めるが、現実に重国籍状態にある者は数十万人いると言われる。

「民族」（と、とりあえず呼んでおく）としての「日本人」アイデンティティも、法的根拠をもつ「国民」の可変性とは別の意味で可変的である。近代以降、海外移住した「日本人」が移住先の文化に同化して「日本人」アイデンティティを失う例もあれば、文化的に同化しながら「日系人」意識を強く持ち続ける例もある。帝国日本の支配下で「在日」となった朝鮮半島出身者、台湾出身者等の子孫や、戦後日本に移住してきた外国人の子孫のなかに、文化的意味で「日本人」アイデンティティをもつ者が出てきても不思議ではない。そして、異なる「民族」的アイデンティティをもつ両親の子どもは、両親および生育環境のどの要素からどの程度の影響を受けるかによってアイデンティティの様態が異なってくるだろう。要するに、「民族」なるものを**実体として**あるいは**本質主義的に**理解することができないのは、そのアイデンティティが「揺らぎのない閉鎖的で単一的な」ものではないからだ。

私が「日本人」と言う場合、以上の二つ、すなわち「日本国民」であるか「エスニック・ジャパニーズ」であるかのいずれかの意味で言うのであって、「人種」としての「日本人」なるものは想定していないと付言しておく。

〔13〕「韓国併合」および「台湾領有」によって「帝国臣民」に組み入れられた朝鮮人、台湾人は、一九五二年四月一九日付の「民事甲第４３８号民事局長通達」によって一方的に日本国籍を喪失するものとされた。

六　運動の「現場」で起きていること

大畑氏は私の議論を批判し、「沖縄と日本との作られた対抗関係のなかですべては、固定的な二項対立を前提とするポジショナリティ／アイデンティティの議論へと横滑りするのだ」と断定する。しかし、これまで述べてきたように、私の議論では「沖縄人」も「日本人」も固定的な集団ではないし、それらのアイデンティティにせよポジショナリティにせよ可変的であるということは当然の前提なのだ。しかしまた、この当然の前提のもとでも、日本の政治において圧倒的な権力を有する「日本人」（ヤマトゥンチュ）が、日米安保体制を選択し維持するという政治的意思に本来伴うはずの基地負担を負わず、「沖縄人」（ウチナーンチュ）に肩代わりさせて基地負担を免れるという利益を得てきたことは否定しがたい現実である。

大畑氏はこの現実に対して「抵抗運動の現場」の「明白な事実」なるものを持ち出す。

ここで不可視化されるのは、まずもって、抵抗運動の現場ではこれらを超えうる現実が辺野古や高江といった沖縄の反基地運動の現場で生成し続けているという明白な事実である〔14〕。

ここで大畑氏は、論考の冒頭で次のように一般のなかにある「意見」としていたものを「明白な事実」へと格上げしている。

〔前略〕近年では、日本（人）／沖縄（人）の二分法を前提に二項対立的図式を強調する議論も強まってきている。一方、こうした意見とは相反する形で、運動の現場での知見や歴史的な経験をもとにして、現場では二項対立的図式からはみ出し飛び越えていく関係性が絶えず生成され続けているともされてきた。〔15〕

ここで大畑氏は、運動の「現場」では何が「二項対立的図式」を「超え」たり、「はみ出し飛び越え」たりしているというのだろうか。「日本人」と「沖縄人」のポジショナリティだろうか。それともアイデンティティだろうか。

もし大畑氏の言う「二項対立的図式」が「日本人」と「沖縄人」のポジショナリティの

〔14〕大畑凜、前掲書、二三〇頁。
〔15〕同書、二二一―二二二頁。

違いを意味するなら、それは何ら固定的なものではなく、まさに政治運動によって対等な関係へと変えられるべきものとしてある。だが変えられるべきものであるからといって、容易に変えられるものでもない。構造的差別が解消されない限り、その解消をめざす運動の「現場」においてもそれは解消されずに存続する。実際、構造的差別が解消されないというのに、運動の現場で協力し合い、共感し合い、「連帯」し合えたからといって、どうしてポジショナリティが、すなわち政治的権力的関係が変えられるというのだろうか。

先に松本亜季氏が指摘していたように、ポジショナリティは「個人の信条」によって容易に変えられるものではない。私は「個人の信条」としては沖縄への基地押しつけ、沖縄への差別的基地政策に断固反対である。機会あるごとにそのように表明し、広義の声明文の呼びかけ人や賛同人になったり、各地の集会に参加したり、さまざまな形で「運動」にも参加してきた。だがそのことによって、私が〈沖縄に対して大きな政治的権力を有し、構造的差別を続けている日本人集団〉の一人であるという現実はまだ毫も変わっていないのだ。

ここで避けられないのは、大畑氏は「二項対立的図式」を否定することによって、日本(人)の沖縄(人)に対する構造的差別を否認しているのではないか、という問いである。そして構造的差別に伴うポジショナリティの違い、つまり、日本(人)が沖縄(人)に対して差別する側にあるという政治的権力的関係を、差別する側に位置する日本(人)が差別をやめることによって対等な関係にしていく政治的責任を有することを否認しているのではないか、という問いである。

大畑氏の言う「二項対立的図式」が、日本人と沖縄人のポジショナリティの違いではなくアイデンティティの違いを意味するとしても、運動の「現場」でそれが容易に「超え」られたり、「はみ出し飛び越え」たりできるものとは思えない。日本人と沖縄人が運動の「現場」で協力し合ったり、共感し合ったり、「連帯」し合うことはもちろん可能であり、「明白な事実」として現にある。安保反対運動であれ基地引き取り運動であれ、その点は何ら変わらない。基地引き取り運動には私の知る限り、日本人のみならず少なからぬ沖縄人が参加しているし、国籍にかかわらず在日朝鮮人さらには米国人も参加している。だがそこでの協力関係は、アイデンティティを「超え」たり「はみ出し飛び越え」たりすることによってではなく、むしろ互いのアイデンティティを尊重し、ポジショナリティの違いを認め合うことによってこそ可能になっているものである。沖縄の基地問題のように政治的権利の不平等や利益の差別的配分が問題であるときに、「二項対立」の「乗り越え」や「越境」を称揚（しょうよう）することは、加害／被害、差別／被差別といった関係を否認することになりかねないので注意を要する。

七　加害者の被害者化？

実際、大畑氏の議論は、沖縄への構造的差別における加害／被害の関係の否認に向かっているように見える。その帰結は端的に次の表現に示されている。

ことが軍事基地に関わる以上、被害の当事者としてここで措定できるのは、ほかならぬ沖縄とそこに関わってその生を生きるすべての人々であり、それは沖縄人とイコールなわけではない。そもそも沖縄人と日本人とは、一体何をもってどのように、どこから区別されうるのだろう[16]。

大畑氏は、「そもそも」沖縄人と日本人は区別できないと考えているようである。これはどういう意味だろうか。「沖縄とそこに関わってその生を生きるすべての人々」の誰についても、沖縄人か日本人かを知ることはできない、不明であるという意味なのか。だが大畑氏は、沖縄人についてはそれ以外の人と区別してアイデンティファイしている。そうでなければ、その「すべての人々」が「沖縄人とイコールなわけではない」と言うことはできないだろう。では、沖縄人と日本人はそれぞれアイデンティファイ可能だが、両者はエスニシティに関しては全面的に同一なので区別できないという意味なのか。しかしエスニシティに関して区別できないならば、そもそも沖縄人と日本人をアイデンティファイすることはできないだろう。

現実はどうか。「沖縄とそこに関わってその生を生きるすべての人々」に尋ねてみてはどうだろうか。たとえば辺野古の集会で、あるいは那覇の県民大会で尋ねてみれば、明かしたくないという人もいるかもしれないが、「私は『本土』から来ました。ヤマトゥンチュです」という人や、「私はウチナーンチュです」という人が多いのではないか（もちろんそれ以外の人もいるだろう）。

二〇一五年五月一七日、当時の翁長雄志沖縄県知事は、辺野古新基地建設に反対する県民大会でこう述べた。

ウチナーンチュ、ウシェーティナイビランドー（沖縄の人をなめてはいけない）

翌年六月一九日、元米兵による女性暴行殺人事件に抗議する県民大会ではこうも述べた。

〔16〕同書、二三三頁。

グスーヨー、負ケテーナイビランドー。ワッターウチナーンチュヌ、クワンウマガ、マムティイチャビラ、チバラナヤーサイ（皆さん負けてはいけません。私たち沖縄人の子や孫を守るため頑張りましょう）

いずれもスピーチの最後に締めくくりの言葉として発せられたこれらの訴えは、まずはウチナーグチ（沖縄言葉）であることによって、翁長知事が自らウチナーンチュとしてその場に立っていることを宣言するものであっただろう〔17〕。そしてスピーチの大半は、日米合意を固守して沖縄の声を聴かない安倍政権への批判であり、前者（五月一七日）の発言は、それに対するウチナーンチュとしての抗議と矜持（きょうじ）を表わしたもの、後者（六月一九日）の発言は、それとの闘いにおけるウチナーンチュの覚悟と連帯を呼びかけたものと言えるだろう。後者の県民大会では「オール沖縄」会議共同代表としてスピーチした玉城愛氏も、「安倍晋三さん」と「日本本土にお住まいのみなさん」を「第二の加害者」として名指しつつ、「ウチナーンチュであること」の「誇り」を強調し、日米双方に「被害者とウチナーンチュ（沖縄の人）に真剣に向き合」うことを求めていた。

こうした形で語られる「沖縄人」アイデンティティについて、島袋純氏（琉球大学）はこう述べている。

戦後の沖縄に対して、日本とは違う取り扱い、いわゆる「構造的差別」の問題が明らかになった。1945年、本土防衛の捨て石とされた沖縄戦以降、その後も日本はいろいろな局面で沖縄を「切り捨て」ていく。**現在の、自己決定権を持つウチナーンチュであるというアイデンティティーは、この切り捨てによって失われた人権と自治権の回復と闘争史である沖縄戦後の歩みに基づく**〔18〕。

島袋氏のこの認識は、基地の押しつけに反対する「沖縄人」アイデンティティが、**歴史性を踏まえた現在の政治的自己意識**であることを表現しているように思われる。すなわち、今日の「沖縄人」アイデンティティは、沖縄戦とそれ以後の「構造的差別」の歴史において日本から切り捨てられてきたという被差別の意識と、それに対する抵抗の主体としての自覚によるものだということだろう。この意識は、遡れば「琉球併合」以来の被差別の歴史と現在との連続性を容易に見出すだろうし、さらに遡って琉球王国の歴史の再発見に至

〔17〕翁長知事の言葉はいずれも沖縄タイムス(二〇一八年八月九日)より。
〔18〕島袋純「『沖縄アイデンティティー』と沖縄住民の自己決定権」、公益財団法人「ニッポンドットコム」政治・外交「沖縄を考える」二〇一五年七月一〇日。https://www.nippon.com/ja/in-depth/a04501/

ったとしてもなんら不思議ではないだろう。

こうして形成された「沖縄人」アイデンティティを文化的・歴史的要素と政治的要素とに明瞭に区別したり、どちらかに還元したりすることはおそらくできない。多くの場合、現在の「構造的差別」に抗議しそれからの解放をめざす政治的主体としての自覚（政治的アイデンティティ）と、文化的アイデンティティや歴史的アイデンティティの自覚ないし再確認が相互に影響し合っているのが現実ではないか。沖縄近現代史家である伊佐眞一氏の次の言葉には、「県外移設」という政治的要求とともに「沖縄人」アイデンティティが立ち上がってくる様が力強く語られている。

げんにいまヤマトの責任で基地を引き取れと要求しているのは、沖縄人と日本人の境界が内外から「侵犯」されているとか、二重性うんぬんとか、また「沖縄人になる」などと頭の体操をしている者ではなく、われこそは沖縄人だと自覚し、誰はばかることなく公言するウチナーンチュである。

沖縄人としての自信にみちたこの強いモノ言いをみていると、かつてヤマトゥンチューの前で萎縮して小さくなっていたひよわな人間のあまりに多すぎた沖縄の、暗くて陰鬱（いんうつ）な歴史が、よりいっそう浮き上がってくる思いがするのである〔19〕。

こうした伊佐氏、翁長氏や玉城愛氏の「沖縄人」アイデンティティについて、そしてそれに共感する多くのウチナーンチュの意識に対して、大畑氏はどのように応答するのだろうか。「いやいや、あなた方は沖縄人（ウチナーンチュ）と言うけれど、日本人と区別がつかないではないか。区別できるというなら証拠を見せよ」と言うのだろうか。「日本人も沖縄人もない。あなた方の言うそれらは蜃気楼（しんきろう）にすぎない」と言うのだろうか。「私はヤマトゥンチュではなくウチナーンチュだ」ということには何の根拠もないと、大畑氏は本当に信じているのだろうか。

「そもそも沖縄人と日本人とは、一体何をもってどのように、どこから区別されうるのだろう」と大畑氏は言う。では、大畑氏は、「そもそも在日朝鮮人と日本人とは、一体何をもってどのように、どこから区別されうるのだろう」とも言うのだろうか。「在日朝鮮人の場合、韓国籍や朝鮮籍をもっていれば日本人と区別されるが、日本国籍の場合は沖縄人と同様、日本人と区別することはできない」と言うのだろうか。だがすでに指摘したように、在日朝鮮人と日本人を区別できないと言えるためには、在日朝鮮人と日本人を比較する必要があり、したがってあらかじめ区別する必要がある。私たちは普通、日本国籍取得者であっても自らの歴史的ルーツの意識から「朝鮮人」アイデンティティをもつ人を在日

〔19〕伊佐眞一「琉球・沖縄史から見た『県外移設』論㊤」、琉球新報、二〇一六年四月二六日。

朝鮮人としてエスニック・ジャパニーズと区別している。日本人の側がそうした「朝鮮人」アイデンティティを否定するなら、それは民族差別以外の何ものでもないことになるだろう。

歴史的に続いてきた構造的差別のもとで、差別する側にいる日本人が沖縄人と日本人の区別を否定すること、沖縄人アイデンティティを否定することは、日本による沖縄への構造的差別の**核心部**を否認することに帰着する。それは沖縄人の側からすれば、差別されているのに日本人がそれを認めないこと、日本人が沖縄差別を続ける意思を示すことにほかならないだろう。

大畑氏はこのようにして「沖縄人」アイデンティティを否定し、構造的差別の核心部を否認することによって、沖縄への基地押しつけの加害／被害の関係をも雲散霧消させてしまうように思われる。もう一度、問題の文章を読んでみよう。

ことが軍事基地に関わる以上、被害の当事者としてここで措定できるのは、ほかならぬ沖縄とそこに関わってその生を生きるすべての人々であり、それは沖縄人とイコールなわけではない。

沖縄への基地集中で被害を受けるのは沖縄人だけではない。もちろんその通りである。

事故で墜落する米軍機の下に、沖縄人だけでなく日本人や在日朝鮮人、米国人やその他の外国人がいることは十分考えられることである。しかし、そのことは、歴史的に続いてきた「構造的差別」の被害者集団が沖縄人であるという認識に本質的な変更を迫るものではない。それはたとえば、イスラエル軍のガザ空爆で多数の死傷者が出たとして、そこにパレスチナ人ではない人々が含まれていたとしても、だからといって、その被害がイスラエル・パレスチナ問題によるものではないとは言えない、それと基本的には同じことである。ここで問題になっているのは、沖縄の被差別と抵抗の歴史を自らのルーツにかかわって意識する人間集団としての沖縄人なのである。

大畑氏はしかし、沖縄の基地問題の「被害の当事者」を、沖縄在住の人すべてをも超えて拡大する。「被害の当事者」は「沖縄とそこに関わってその生を生きるすべての人々」だと言う。そうであるなら、「被害の当事者」には、沖縄防衛局長や防衛大臣、沖縄基地負担軽減担当大臣、内閣総理大臣さえ含まれることになるだろう。在沖米軍司令官や将校たち、事故や犯罪を起こした米軍兵士らも「被害の当事者」から排除できまい。「安倍晋三さん」も「日本本土にお住まいのみなさん」も、「第二の加害者」であるどころか「被害の当事者」になってしまう。要するに、加害者もまた加害者であることにおいて沖縄に「関わってその生を生きるすべての人々」に含まれるとすれば、ここに生じてしまうのは途方もない規模の「**加害者の被害者化**」ではないだろうか。

資料　新聞掲載論考

沖縄の要求に呼応　沈黙する「本土」に風穴

今こそ「県外移設」を　新基地阻止への道筋として(上)

※琉球新報　二〇一五年一一月二日

安倍政権はついに、なりふりかまわず辺野古新基地の本体工事に着手した。沖縄の圧倒的な民意を一顧だにせず、法をねじまげても軍事拠点の建設に血道を上げる国に対して、翁長雄志知事は「あらゆる手段で阻止する」と繰り返している。私たち市民もまた、沖縄の半永久的な軍事要塞化に道を開きかねないこの暴挙を阻止するために、新基地建設反対の一点でつながり、知恵と力を出し合いたい。

沖縄2紙で連載

筆者はこの6月、拙著『沖縄の米軍基地　「県外移設」を考える』を上梓した。本紙連載『「県外移設」という問い』(8月20日〜9月8日付、5回)では、在沖米軍基地を大阪で引き取る運動とともに、拙著の内容が検討された。やや遅れて「沖縄タイムス」でも、『沖縄の米軍基地「県外移設」を考える』を読む』(4回)として4人の論者の書評が掲載された。文字通りの小著に対し、沖縄でこれほど大きな関心が寄せられたことに感謝の意を表したい。

拙著で筆者は、在沖米軍基地は日米安保体制下では本来「本土」に置かれるべきもので、それを「本土」に引き取ることが日本政府と日本人の責任であると主張した。その論拠の紹介はここでは紙幅の関係でできないが、拙著の狙いは何よりも、沖縄発の県外移設要求に沈黙を続ける「本土」の現状に風穴をあけ、「本土」の読者に対して県外移設要求の正当性を示すことにあった。拙著の出版と前後して大阪と福岡で基地引き取りをめざす市民運動が立ち上がったが、これは予想外の心強い動きであった。

本紙の連載では、髙良沙哉（さちか）氏とましこひでのり氏が拙著の論旨を基本的に肯定、松本亜季氏は大阪の引き取り運動の当事者であり、金城馨氏も当該運動を支持する立場からの寄稿であった。一方、米倉外昭記者によるインタビュー構成となった連載⑤では、大城立裕氏と中里友豪氏が引き取りに好意的だったのに対し、新崎盛暉氏と仲里効氏からは一定の留保ないし疑問の提起があった。以下では新崎氏と仲里氏の発言について、簡単ながら私見を述べておきたい。

「本土」でこそ声を

新崎氏は語る。「今は辺野古新基地阻止の闘いをどう進めていくかだ。辺野古を阻止できたら安保は変わる。建設されてしまえば逆の意味で変わる」「辺野古新基地阻止に集中すべきだと思う。辺野古を阻止すれば沖縄は変わるし、日本も変わる。逆にごり押しでやられてしまうと暗闇の世界になる。辺野古が将来を左右する」。氏も「『どこにも基地はいらない』という主張」が「お題目となって力を失っている」ことは認めるし、その中から「『県外移設』を含む『オール沖縄』という連合体ができてきた」と見ているが、だからといって「戦略目標を見失うべきではない」と強調する。米倉記者はこれを、「県外移設」に対して「運動の立場」から「慎重な見方」を示したもの、としている。

冒頭に述べたとおり、当面辺野古新基地建設阻止に全力を挙げるべきだということに筆者は全く同感である。阻止できなかった時の代償はあまりにも大きい。私たち市民も現場に行ける人は現場で、行けない人は各自の場所でできることに力を尽くしたい。筆者はこれまで機会あるたびに次のように訴えてきた。辺野古新基地建設を阻止する責任は、全国の99％を占める「本土」の有権者にある。沖縄の民意を圧殺する建設強行に対しては、日米安保容認派も反対派も、「県外移設」派も「国外移設」派も反対で一致できるはずだ。本来、沖縄の人々が闘わずしてすむように、「本土」でこそ沖縄の何十倍もの反対の声を上げなければならない、と。

差別をやめるため

基地引き取りの思想と運動が、辺野古新基地阻止運動の力を削いだり、分散させたりするとは筆者には思えない。翁長知事は2015年度の県政運営方針として「『辺野古に新基地は造らせない』ということを県政運営の柱にして、普天間飛行場の県外移設を求めていく」と述べていた（県議会2月定例会）。工事中断合意後の記者会見でも「県外移設をベースとして」交渉するとし、実際「県外・国外移設」を要求してきた。

「本土」の基地引き取りの思想と運動は、こうした沖縄からの「県外移設」要求に「本土」の側から呼応し、「辺野古が唯一の解決策」とうそぶく日米両政府に対峙しようとするものである。

沖縄に固執するのは軍事的理由ではなく政治的理由によるのだと、防衛相や防衛庁長官経験者が認めている。「本土」に基地引き取りの声を広げることで、普天間の固定化を許さず、辺野古新基地建設を断念させるために役立つことができるのではないか。

大阪の引き取り運動について、新崎氏は語る。「差別している、基地を持って行け、と言うことで共闘ができるとは思えない。スローガンが正しくても政治的力にならないといけない」。だが、「差別している、基地を持って行け、と言う」のは沖縄側である。大阪や福岡の運動は、その沖縄側の要求に正当性を認めて、「私たちは差別している(側にいる)。差別をやめるために基地を引き取ろう」と「本土」の人々に呼びかけているのである。こうした運動は、沖縄の基地撤去運動、また辺野古新基地阻止の運動と十分「共闘」できると思うが、どうであろうか。

安保解消と矛盾せず　問われる「本土」有権者

今こそ「県外移設」を　新基地阻止への道筋として(下)

※琉球新報　二〇一五年一一月三日

在沖米軍基地を大阪で引き取る運動について、「スローガンが正しくても政治的力にならないといけない」と新崎盛暉氏は「厳しい目を向け」ている、とされる(米倉外昭記者、本紙「『県外移設』という問い」⑤)。新崎氏は語る。「壁にぶつかる中で非常に真面目に考えたものと受け止めているが、無関心な人々を目覚めさせて辺野古反対につながるのか疑問がある」「日米安保を必要としている人たちが考えるようになればいいが、世論を変えられるかどうかが問題だ」

大阪や福岡の運動は、まさに「世論を変え」て「政治的力」になることをめざしている。これまで想像もできなかった運動が出現したことは「本土」でも注目されており、こうした運動や反響が広がっていけば、辺野古をめぐる県の法廷闘争にも有利な材料になる可能性があるのではないか。

世論変える力

新崎氏は、「『どこにも基地はいらない』という主張もお題目として力を失っている」が、「戦略目標を見失うべきではない」と強調する。「どこにも基地はいらない」という主張は、「本土」

では沖縄以上に力を失っているのが現実である。今年5、6月に実施された共同通信の全国世論調査では、「日米同盟」を「強化すべきだ」20％、「いまのままでよい」66％、合わせて「日米同盟」支持が86％に達し、「同盟関係を解消すべきだ」はわずか2％にすぎなかった（本紙7月22日）。安保関連法案への抗議運動が高揚し、「護憲」60％対「改憲」32％になったという時期でさえ、この数字なのである。

「基地はどこにもいらない」という反戦平和の原則は今後も堅持すべきだ、と筆者は考える。一方で、「安保廃棄」による「即時無条件基地撤去」という戦後革新勢力のスローガンが、多年の運動にもかかわらず、ここまで「政治的力」を喪失してしまったならば、安保法制のみならず安保体制そのものを問題化していくためには、「お題目」と化した「安保廃棄」を唱え続けるのとは別の道筋を考える必要があるのではないか。米軍基地を「沖縄の問題」と思うからこそ安んじて安保支持者になっている「本土」の人々に、基地引き取りを提起して安保の当事者たることの自覚を促すほうが、「世論を変える」力になるのではないか。

新崎氏も「闘いの手段として使えるものは使うし、現実に使ってきた」と述べている。「県外移設」も「手段」として「使える」限りは使う、ということだろう。「反安保」と「反差別」を対比し、「県外移設」を「反差別のスローガン的表現」として、後者に「安保とは基地と同居することだと自覚させるため」の「戦術的意味」を認めた発言も、これにつながるものだろう（『N27』第5号44ページ以下）。ただ、反戦平和が原則であるなら「反差別」も原則である。筆者は本土引き取りを「安保廃棄」のための単なる「戦術」にとどまらず、沖縄に対する「本土」

の歴史的・構造的差別を断ち切り、互いに対等な関係に立つための原則的な取り組みとして意味づけている。

「痛み」の責任

仲里効氏は、「応分負担」論の「論理自体の正しさ」と「それをオブラートに包んできた日本の戦後社会の無意識の構造的差別を前景化していく役割」は「評価する」としつつも、「基地を持ち帰れとか引き受けるとかいうロジックが、運動や思想として語られることに違和感がある」と言う。理由として、「沖縄戦」と「アメリカによる占領」という沖縄の「暴力にさらされてきた歴史体験」が挙げられる。「沖縄が『基地を引き取れ』となかなか言えないのは、沖縄の優しさや弱さではなく歴史体験があるから」であり、「沖縄戦の死者の声を聞き取るなら、痛みを他者に押し付けることはできない」と。

沖縄の思想と運動の根源に沖縄戦と米軍占領の「歴史体験」があることは、それを沖縄に強いた「本土」の側がゆめ忘れてはならない重大事である。その点では「県外移設」も変わりなく、やはり「沖縄戦の死者の声」を聞き取りつつ、苦難の歴史を強いてきた「本土」の植民地主義と差別そのものを撃つために発せられた、「歴史体験」を担った声だと筆者は理解している。ここで決定的なのは、植民地主義と差別の主体である「日本人」の責任をどう考えるかである。

「痛みを他者に押し付けることはできない」「軍隊、基地という暴力装置を引き取らせるということは出てこない」と仲里氏は語る。もとより暴力装置はない方がよい。「どこにも基地はいらない」という原則は堅持したい。しかし、沖縄の基地負担と「本土」のそれとを同じ「痛み」として語ることができるかどうか。沖縄の「痛み」に沖縄は責任がない。一方的に押し付けられてきた「犠牲」だ。「本土」の基地負担は、安保条約を締結・改定し、多数をもってこれを維持してきた「本土」の有権者の政治的選択であり、結果として「痛み」が生じるなら自らの責任でこれを解決しなければならない。

佐賀撤回は差別

政府は「沖縄の負担軽減」と称して企てたオスプレイ訓練の佐賀移転を、地元の反対を理由の一つとして撤回した。自衛隊基地への配備も地元の了解なしに進めないと表明した。沖縄と「本土」での二重基準がまたしても露わになった形だ。この沖縄差別をそのままにして「本土」で「平和」を語れるのか。「オール沖縄」の反対を無視して強行した沖縄配備自体を撤回し、そのうえで横田配備も含めた「本土」配備が是か非か、「本土」の有権者に問うべきだ。

安保維持か解消かも、基地引き取りを前提に全国の有権者が決すべき問題である。筆者の考える「本土」引き取りは、安保解消の目標と矛盾しないどころか、「本土」の人間としてそれをめざす筋道である。それはまた、普天間の固定化を許さず、辺野古新基地建設を阻止するための論理でもある。辺野古ではなく今こそ基地引き取りを、と「本土」に訴えていきたい。

基地引き取り提起可能　安保支持なら正面議論を

「『沖縄の米軍基地』を読む」への応答(上)

※沖縄タイムス　二〇一五年一一月二四日

今年6月に上梓(じょうし)した拙著『沖縄の米軍基地　「県外移設」を考える』について、本紙に4人の論者による書評①～④が掲載された。文字通りの小著に対し真摯(しんし)な応答を返してくださった諸氏に感謝したい。

知念ウシ氏(①)と玉城福子氏(④)は、おのおのの立場から、在沖米軍基地の「本土」引き取りを主張する拙論を評価し、さらに発展させていく必要を論じていた。一方、西脇尚人氏(②)は拙著の「論理展開のほとんどに同意する」としつつも、「実際の運動」では引き取りを留保し、呉世宗氏(③)は、拙論へのほぼ全面的な異論を提起している。以下では、西脇氏と呉氏の議論を中心に私見を述べる。誤解があればそれを解いて、沖縄から基地をなくすために力を合わせていきたい。

西脇氏は、「日本人よ基地を引き取れ」という沖縄からの要求に「イエスと答える」という筆者の論に、「同じ『日本人』の一人として」「ほとんど」「同意する」と始める。「とりわけ」同意できるのは、「『本土』の反戦平和運動も、戦後民主主義の政治学も、沖縄からの県外移設要求によって従来の姿勢の全面的再検討を迫られている」という「戦後リベラル」への批判の箇所だと言う。氏も筆者同様、「沖縄とのあいだにある差別的で非対称的な関係性、そして自分たちの当事者性を自覚しないで済ませて」きた従来の運動に「致命的」な問題性を感じているようだ。

だが西脇氏は、基地引き取りには進まない。「基地の引き取り論を退けずに」、「日本全体で日米安保の議論をする試みを模索したい」と述べる。基地引き取り論を「含めて」安保の是非を全国的な議論にするのであれば、大阪や福岡の引き取り運動とも、筆者の立場とも、「ほとんど」協力し合えるはずだと思うが、どうだろうか。

西脇氏は「基地を引き取れ」だけが「沖縄からの問いかけ」ではないと言う。では、別の声とは何かと言えば、第1に、氏が直接阻止行動中に「私の外部の声」として「唐突に聞こえる」という「『殺すな!』『殺されるな!』という、誰だかわからない他者からの命令」。第2に、「現場には『基地を引き取れ』という立場の人たちを含め、微妙に異なるさまざまな考えや感情を持つ人たちがいる。沖縄の人びとの他に『日本人』もそれ以外の民族もいる。現場以外にもいる」、そうした人たちの声。

筆者には、第2の声が基地引き取り留保の理由になるとは思えない。現場の人々の意見や感情が多様であることはもちろんで、そこに県外移設賛成の人もいることは拙著の論点の一つでもあった。安保容認だが新基地建設強行には反対という人がいてもおかしくない。現場以外であればなおさらだ。

そうした人々と新基地建設反対で一致しながら、西脇氏が「本土」に向けて基地引き取りを主張したり運動したりすることに特に支障はないのではなかろうか。また、「沖縄の人びとの他に

『日本人』もそれ以外の民族もいる」ことが、なぜ問題になるのか不明である。西脇氏は筆者と同じく「それ以外の民族」ではない「日本人」であるからこそ、基地引き取りの論理に同意されたのではないのだろうか。

第1の声の記述は、良心あるいは倫理の起源に関する哲学者の議論をほうふつとさせる。外部の他者の命令でありながら、自己の内面でのみ聞かれる「殺すな、殺されるな」という声。それは「誰だかわからない」声であり、「ウチナーンチュでもヤマトンチュでもない単独者」の声、むしろ特定の誰かであってはならない無名の声であろう。だが西脇氏は、「それも『沖縄からの問いかけ』であるといいたいのではない」としながら、すぐさま「私はそれをも『沖縄からの声』と見なす」と宣言する。

そしてこの声が「『反戦平和』を刷新し、ヤマトであれどこに対してであれ『応分の負担』を求めることを拒む」と断言するのだ。しかし、まさに「応分の負担」を拒んできた従来の「反戦平和」は県外移設要求を受けて刷新されるべきだという筆者の意見に西脇氏は「とりわけ」強く同意されたのではなかったか。再び「応分の負担」を拒むことで「反戦平和」の何が刷新されるのか。

県外移設だけが沖縄の声でないことは筆者も承知している。しかし「殺すな、殺されるな」という「沖縄からの声」を、日本人が「応分の負担」を拒む理由にしてよいのか。それが「沖縄からの声」であれば、「(ヤマトンチュよ、私たちを)殺すな、(ウチナーンチュよ、ヤマトンチュに)殺されるな」と聞こえることはないのか。

基地を置くことは「殺し、殺される」ことだとしよう。それを理由に「応分の負担」を拒むことは、「安保の是非について全国的な議論をする」にしても、事実上、その議論が安保解消で決着するまでは、沖縄の人々を「殺し、殺される」に晒しつづけることになるのではないか。日本人は、圧倒的多数をもって政治的に選択しつづけている「殺し、殺される」を、沖縄の人々に押しつけつづけることになるのではないか。

「実際の運動をしようとすれば、そうならざるをえないのではないか」と西脇氏は言う。半世紀以上の反安保運動を経て、なおこれから安保の是非について全国で議論するから、決着するまで待て、と。「そのプロセスを経ずに一足飛びに引き受け運動をした場合、『思考停止』状態の『日本人』は感情的な反発を強固にするのみ」だから、と。筆者はむしろ、安保支持が8割を超える現状では、「安保を支持するなら基地を引き取らざるを得ない」と提起しつつ、それを通して安保に正面から向き合うことを求める方が有効ではないかと思うのだが…。

基地引き取りで安保問う　日本人が負う政治的責任

「『沖縄の米軍基地』を読む」への応答㊥

※沖縄タイムス　二〇一五年一一月二五日

呉世宗氏の論考を見てまず驚いたのは、その見出しである。「基地撤去要求を度外視」「安保不支持に沈黙強いる」。まったく身に覚えのないぬれぎぬだと言わざるをえない。この見出しから、拙著が安保支持の立場で、沖縄の人々の基地撤去要求を無視していると誤解するなと言っても無理ではないか。

本文を読んでも誤解は訂正されない。筆者の日米安保条約に対する立場が一度も言及されないからだ。だが拙著を一度でも通読された読者なら、筆者が安保解消をめざしており、拙著が全面的に沖縄からの基地撤去要求に応えるべく書かれたものであることをご承知であろう。

見出しは新聞社側がつけたものかもしれない。拙著を読まれた呉氏が筆者の立場を誤解しているはずはない。だが本文を読むと、見出しにつながりそうな記述にぶつかる。「『県外移設』を要求する『沖縄人』と、日米安保を支持し基地を押しつけているがゆえに『応答』すべき『日本人』という高橋氏が設定する二項対立」は、「移設ではなく撤去を求める多くの沖縄の人々を『沖縄人』から捨象するものとなっており、応答すべき他者をかなり限定してしまっている。さらに『本土』には日米安保不支持の朝鮮人、中国人など、また別の多くの他者がおり、8割の日本人が安保支持であるから基地を『引き取る』べきだという議論は、その他者たちに沈黙を強いるものとなっている」。

不可解である。まず筆者は、「沖縄人」なら全員が県外移設を要求しているなどと考えたこともない。「基地は移すものではなく無くすもの」として県外移設に反対する沖縄の人たちを知っているし、拙著では沖縄県内紙の世論調査で「安保破棄」の支持率や、普天間基地の「県外移設」「国外移設」「無条件返還」「辺野古移設」おのおのの割合を掲げてもいるのだから、「移設ではなく撤去を求める人々」を「捨象する」などありえない。

呉氏は、「今沖縄で繰り広げられている基地反対闘争が移設を求めるだけではないことをまずは知る必要があろう」などと教え諭してくれる。

だが何を根拠に、筆者がそれを知らないと思えるのか。拙著第4章で筆者は、辺野古基地阻止運動を県外移設論(者)排除のうえに描き出そうとする新城郁夫氏の議論に対し、それが無理であることを論じたが、「移設を求めるだけではないこと」を知るからこそ、「移設を求める人も排除できない」と主張したのである。筆者は当然ながら、沖縄には複数の意見があることを踏まえた上で、歴史的・構造的な沖縄差別をやめるために、いま日本人は沖縄からの県外移設要求に「イエス」と応答すべきである、と主張したまでなのだ。

また上記の引用から分かるように、呉氏が言う「他者」は日本人以外の者という意味なのか、安保不支持の者という意味なのか、曖昧である。「本土」の朝鮮人、中国人、日本人以外の者の中にも、安保に関して異なる意見がある。基地引き取りについても同様であり、本紙連載①で知念ウシ氏が言及されたように、大阪の引き取り運動には、在日朝鮮人で安保反対かつ植民地主義批判の立場から参加されている人もいる。

筆者が基地引き取りの重要な論拠として多数の日本人の安保支持を挙げるのは、この国の圧倒的なマジョリティーである日本人が政治的決定権を握っており、それに伴う責任を負っているからである。日米同盟を今すぐ解消するのが困難なのは、日本政府のそうした政策を多数の日本人が支持しているからであり、逆に多数の日本人が日米同盟解消を望めば、日本政府は安保条約第10条の規定により安保解消に進むこともできるだろう。

遺憾ながら、日本国籍を持たない「他者」たちは、この国ではこうした決定プロセスから排除されており、国民主権の「国民主義的」限界は、それとして問題化されねばならない。だがこれは、日本にいる「他者」たちが基地反対や移設反対の意思表示を禁じられているということではない。憲法の保障する表現の自由は当然そうした「他者」たちにも保障されるべきである。呉氏の指摘する通り、基地被害は「日本人、在日の朝鮮人、台湾人、中国人を問わず」降りかかるからである。日本人マジョリティーによる政治的決定はそうした「他者」たちの声を聞き取りつつなされるべきなのである。

日本人有権者の圧倒的多数が安保支持であるとは、日本の「平和と安全」のために在日米軍基地が必要だと考えていることを意味する。ならば、「本土」のこの民意を覆せないでいる安保反対の日本人も含めて、その負担とリスクを自ら負うのが筋であり、小さな沖縄に何十年も押しつけておくことは許されない。

日本人は「本土」在住の「他者」をも沖縄在住の「他者」をもこの沖縄差別の権力構造にいや応なく巻き込んでしまっており、「沖縄人」とともに沖縄在住の「他者」にも犠牲を強いてしまっている。

筆者が基地引き取りを主張するのは、それが、基地引き取りによってこの沖縄差別を解消しつつ、「本土」の有権者に、本当に安保存続でよいのかと正面から問うための道筋だからにほかならない。

沖縄から　まずは撤去を　問題解決　本土の責任で

「『沖縄の米軍基地』を読む」への応答㊦

※沖縄タイムス　二〇一五年一一月二六日

呉氏の論考では、初めに「『基地を引き取る』ということは、基地被害の歴史を引き取ること」と言われ、「白昼堂々米軍貯蔵の毒ガスが市内を通って運搬され、米軍輸送機からパラシュートをつけ落下させた車両が人の上に落ち、あるいは南ベトナムから落下訓練に来た少年兵が民家に落ち、強姦（ごうかん）が繰り返され、老若男女問わず酩酊（めいてい）した米兵に轢（ひ）き殺され、大学に、市街地にヘリが墜落する」といった、米国施政権下からの「沖縄の基地被害の歴史」が挙げられる。

だが、すでに野村浩也氏も指摘しているように、被害の歴史は取り返しがつかず、基地（軍隊、機能）を引き取ることが「基地被害の歴史を引き取ること」だという主張には論理的に無理がある。基地被害については、しかるべき謝罪と補償を求めることが原則であろう。

呉氏は、基地引き取りを主張する筆者が、拙著で意図的に「想定される基地被害」を伏せているかのように書いている。「批判的に引用された新城郁夫氏のエッセーの一つは、米兵にレイプされた女性の痛切な告白に対する必死の応答を試みたものであるが、そのことにさえ一切触れられることはない。そこからしてもあえて触れないというのが真相だろう」。

「そこからしても」とはどういう意味か。基地被害を具体的に書かなければ読者が基地は安心安全だと誤解して、引き取りを受け入れるだろうからと、筆者が読者を欺いているとでも言うのだろうか。

拙著では、8割を超える日本人が安保条約を支持し、安保反対の日本人（筆者もその一人）もその民意を覆せていない以上は、基地の負担とリスクは「本土」が負うべきであることを繰り返し論じた。日本人が政治的に選択した負担とリスクは自ら負うべきであるという主張を、「負担とリスク」を想定せずに受け入れることは困難であろう。

基地を引き取ろうと言えば必ず基地被害の不安が問題となる。それをどう解決するかもまた日本人の責任なのであり、「本土」の基地被害に不安があるからといって引き取りを否定するならば、従来の沖縄差別が存続することになる。直近の実例が、佐賀空港へのオスプレイ訓練移転計画の撤回である。

筆者が新城郁夫氏の「いったいなぜ『県内移設』なのか。このような差別がいつまで続けられるのか」および「沖縄への永続的な基地一極化という差別政策」という二つの表現を引用した際、引用元の論考が「米兵にレイプされた女性の痛切な告白に対する必死の応答を試みたもの」であることに触れなかったのは、なぜか。もちろん、県外移設論批判への反論という文脈上、この二つの表現で十分だったからである。

ちなみに言えば、筆者は新城氏のその論考を真剣に読んだ。なぜなら、そこで新聞から引用されていた被害女性の証言を、筆者はついたての向こうから聴こえてくる声として実際に聞いたことがあったからだ（2000年12月11日、東京）。拙著はこの声の記憶と無縁であるわけではない。

筆者は米兵の性暴力も、安保を維持して米軍駐留を選択している「本土」の有権者が自らの責任で除去すべきものと考える。本紙連載の知念ウシ氏も玉城福子氏も、沖縄の女性として被害の歴史を知るからこそ、性暴力を理由に「本土」が基地引き取りを拒むことは沖縄差別であり、性暴力も「本土」が基地を引き取りつつなくしていくべきだと述べている。「性差別や性暴力に厳しい社会作り」に向けて、「沖縄の非暴力の反基地運動や女性運動の経験」が力になるだろうという玉城氏の見解にも傾聴すべきであろう。

呉氏は「移設ではなく撤去を求める人々」がいるから、県外移設はだめだと言う。「基地は移すものではなく無くすものだ」として、県外移設に反対する人もいる。拙著にも書いたように、筆者は地上から軍隊がなくなる日を夢見ている。日本国憲法9条2項も堅持すべきだと思う。沖縄戦と米軍占領の経験が軍そのものの否定の思想を沖縄に根付かせたことも理解しているつもりだ。

その上で、沖縄の多くの人々がまず望んでいるのは「沖縄からの基地撤去」ではないかと考える。県外移設も「沖縄からの基地撤去」の筋道である。「本土」からも撤去するかどうかの判断は、この国の99%を占める「本土」の有権者の問題になる。それでは「本当の解決」にならないと言う人もいる。では「本当の解決」とは何か。地上から軍隊をなくすことか。米軍そのものを地上からなくすことか。その夢が実現するまで、沖縄からどこにも基地を撤去してはならないのか。

「本当の解決」とは安保解消だろうか。繰り返すが筆者も安保解消をめざしている。しかし安保を解消しても、米軍は日本から出ていくが、現状では本国に撤退するか、世界の他地域に移転するかであろう。普天間基地が「無条件返還」されたとしよう。基地は閉鎖され土地は返還されても、海兵隊部隊はそこで解散するわけではなく、どこかへ「移る」であろう。「移すのではなく無くすこと」が「本当の解決」だとしながら、日本国内へ「移す」ことだけ否定するなら、それこそ「国民主義」になってしまうだろう。

呉氏はグアンタナモ米軍基地を例に挙げ、「基地は一度造られると100年以上続く」と断定する。沖縄の基地も100年以上続くから我慢せよ、と言うのだろうか。立川飛行場をはじめ「本土」で返還された米軍基地がいくつもあることだけを見ても、事実に反している。少しでも早く沖縄の基地が撤去されることをめざして力を合わせていきたい。

沖縄差別の解消優先　安保体制を問う突破口に

基地「引き取り」論の射程　仲里効氏に答える（上）

※琉球新報　二〇一六年一〇月一七日

本稿は基本的に、本紙に掲載された仲里効氏の「沖縄戦後思想史から問う『県外移設』論」（本年1月）への応答である。応答が遅くなったのは、「県外移設／基地引き取り」をめぐる議論をより開かれたものにしたいという編集部の意向で、伊佐眞一氏、知念ウシ氏の論考が先に掲載され、その後も仲里氏と知念氏との間でやり取りが続いたためである。筆者はヤマトゥンチュであり、伊佐、知念両氏とは立場が異なる。だがウチナーンチュの立場から発せられた両氏の仲里氏への反論には、強い説得力を感じた。本稿では、筆者の「基地引き取り」論に対する仲里氏の批判の中から、とくに日米安保体制と「戦争の絶対否定」との関係を中心に論じてみたい。

二段階改良主義

筆者は前稿（「今こそ『県外移設』を　新基地阻止への道筋として」昨年11月）でも述べたように、日米安保体制の解消をめざす立場である。沖縄からの「基地引き取り」は安保解消の目標と矛盾せず、むしろ「基地引き取り」の提起は現状で安保見直しの議論を起こすための大きなきっかけになる、と考えている。

これに対して仲里氏は、「8割の日本人の安保賛成を前提にした負担平等は、安保をもって安保体制をなくそうとする二段階改良主義にして体制内差別解消であり」、「安保をもって安保体制をなくすことはできるだろうか。否である」と批判する。しかし、もっともらしく聞こえるこのレトリックは混乱している。

仲里氏は「二段階改良主義」(「体制内差別解消」)を批判する。筆者の論を、第1段階で基地を本土に引き取り、第2段階で安保解消を企てると理解しているからだろう。だがそうだとしたら、これを「安保をもって安保体制をなくす」と言うことはできない。

第1段階では、日本政府の安保政策を安保支持8割の世論が支える現状を踏まえ、沖縄差別の解消を優先し安保を前提として基地を引き取る。こうして米軍駐留を政治的に選択してきた本土で基地を負担したうえで、日本からの米軍基地撤去をめざして安保解消を訴えていく。つまり、「基地引き取り」論でも、「安保をなくす」のは当然「安保反対」によってであり、ただそれが本格的に問題になるのは第2段階においてだ、というだけなのだ。

実際は、二つの段階を截然(せつぜん)と分ける必要はない。筆者はたいてい、「私は安保体制に反対であるが、安保体制の維持を望むなら沖縄の基地は本土に引き取らねばならない。それができないなら(74%もの基地をだれも負担しようとしないなら)、安保そのものを見直すしかない」と述べることにしている。つまり「引き取り」を提起しつつ、安保反対を唱(とな)えることは可能なのだ。そしてこの場合でも、「安保をなくす」には「安保見直し」の議論を広めなければならないのだから、「安保によって安保をなくす」わけではない。

軍事力完全解消

「二段階改良主義」の咎で筆者を批判する仲里氏は、裏を返せば「一段階革命主義」なのだろう。二段階がだめなら当然、それ以上の段階を踏むのはもっとだめであり、沖縄からの基地撤去は、同時に、一度に、一挙に、「安保条約の廃棄と日本の軍事力の完全解消」でなければならないのだろう。

「基地移設論の手前で踏みとどまること、少女を凌辱した戦争器官を〝いま〟と〝ここ〟においてなくすこと」と仲里氏は言う。沖縄県外への基地移設は認めず、沖縄の〝いま〟と〝ここ〟において一度に、基地の廃止、安保条約の解消、日本の軍事力の完全解消を実現しなければならない、というのだ。

仲里氏の思いも分からないではない。在沖基地撤去と同時に安保条約廃棄、日本の軍事力の完全解消が実現し、それにより沖縄と日本の人びとが東アジアと世界の中で平和に暮らしていけるようになるなら、それは願ってもないことだろう。しかし、在沖基地の撤去、安保条約の廃棄、日本の軍事力の解消は、つながってはいるものの別の三つの事柄である。沖縄からの全基地撤去が実現しても、安保条約が解消されるとは限らないし、安保条約が解消されても、自衛隊が解体されるとは限らない。この国の世論、政治家や官僚の傾向、全国紙・地方紙などジャーナリズムのスタンスなどを考えれば、安保条約の廃棄、日本の軍事力完全解消のハードルがいかに高いかは明白だろう。

安保への賛否

そこで「基地引き取り」論は、第1段階として(「安保条約を解消するまでは」)あるいは条件法的に(「安保条約を維持するならば」)、何よりも沖縄への基地集中の解消を優先する。安保支持8割の世論に向き合い、安保を解消せずとも可能な沖縄からの基地引き取りを訴え、安保への賛否を超えて沖縄からの基地撤去の世論を作っていく。

仲里氏が引用する「安保条約の廃棄と日本の軍事力の完全解消」という言葉を、川満信一氏が記したのは1970年。それから約半世紀、日本の革新勢力はこの目標を実現できなかったばかりか、見る影もなく衰退している。筆者個人はこの目標を諦めてはいない。しかし、従来と同じ「安保反対」のスローガンだけで事態は動かないのが現実である。「基地引き取り」論は、こうした現実を踏まえ、安保支持者でも賛同可能な在沖基地の本土移設を訴え、沖縄差別を解消しつつ、安保体制そのものの是非を問い直す突破口をも拓(ひら)こうとするのである。

思想本来の責任とは　戦争「絶対否定」への漸近

基地「引き取り」論の射程　仲里効氏に答える（中）

※琉球新報　二〇一六年一〇月一八日

仲里効氏は「基地引き取り」論を「二段階改良主義」（「体制内差別解消」）だとして批判し、「沖縄が生きのびていくための原理」は「安保条約の廃棄と日本の軍事力の完全解消」にしかないと主張する。「基地引き取り」の後に安保解消をめざすと言っても、基地を引き取る段階で安保を容認することになるから賛成できない、と言う論者や運動家は「本土」にも少なくない（もっとも、これは世論全体の1割前後、昨年の共同通信「戦後70年全国世論調査」ではわずか2％にとどまる「安保解消」派の中での話である）。

安保体制の枠内

しかし考えてみよう。もし現状で安保を前提することまで否定してしまったら、安保反対の者は、たとえば日米地位協定の改定を要求することもできなくなる。仲里氏は、「少女を凌辱（りょうじょく）する」ような米兵の犯罪を抑止するために地位協定の抜本改定を要求することにも、安保を容認するからとして反対するのだろうか。あるいは、１９９６年に沖縄県が日米両政府に提出した「基地返還アクションプログラム」はどうか。２０１５年までに沖縄の全米軍基地の「計画的かつ段階的」な返還をめざす（01年までに10、10年までに4、15年までに嘉手納基地を含めた17の基地を全て返還）という画期的な提案だった。仲里氏はこの案にも、安保体制内での「段階的改良主義」（「体制内差別解消」）だからといって反対したのだろうか。

本年4月の女性暴行殺害事件を受けて、沖縄県議会は史上初めて「在沖米海兵隊の撤退」要求を決議し、6月19日の県民大会でも「海兵隊の撤退」要求が決議された。仲里氏はこれらにも、安保反対まで至っていないと言って反対するのだろうか。安保体制の枠内での選択を「段階的」や「体制内」の「改良主義」だとして否定するなら、辺野古新基地阻止のため、安保容認の翁長知事を先頭に安保の賛否を超えて政府と対峙する現在の「オール沖縄」の闘いも否定しなければならなくなる。日米政府が沖縄からの全基地撤去を決めたとしても、日米安保が存続し「本土」の基地が残るなら、全基地撤去にも反対しなければならなくなるだろう。

ハードルを越える

思想と政治の話は別だ、とでも言うのだろうか。もちろん思想は政治と違い、原理的次元から政治を批判する役割を負う。しかし、「県外移設」と同じく「安保廃棄」も「日本の軍事力の解消」も政治である。多数の国民が支持し政治権力が長年維持してきた枠組みがあるところで、その彼方の政治的目標に向かうには、〝いま〟〝ここ〟に全てを賭けるだけではだめで、立ちふさがるハードルを一つ一つ粘り強く越えていかねばならない。思想の純粋性を追求するあまり、「一挙革命主義」しか認めないことで、不条理な現実を変えるという思想の使命からかえって遠ざかり、思想本来の責任を果たせなくなるおそれがある。

仲里氏自身、「一挙革命主義」では済まないことを感じている節もある。氏が「基地引き取り」論に対置するもう一つの言葉「戦争の『絶対否定』」については、こう述べられているからだ。「(略)戦争の『絶対否定』は、戦後ゼロ年を生きる沖縄が召喚した『永遠平和のために』であり、またたとえ到達することが遠いにしても、絶えず現実に働きかけ現実を変える『統整的理念』(カント)だと言い換えることもできよう」

「統整的理念」とは

カントの意味での「統整的理念」とは、私たちが経験できる世界(すなわち現実)の中には決してその対応物を見出すことはできないが、私たちの経験をそのつど全体性(目標)に向かって方向づけていく(統整していく)のに役立つ理念のことである。つまり仲里氏は、ここでカント的意味での理念を持ち出すことによって、「戦争の『絶対否定』」を、決して現実には実現できないが、私たちが徐々にその目標に向かって近づいていくべき状態と位置づけていることになる。「たとえ到達することが遠いにしても」という表現は、到達可能と考えているのか不可能と考えているのか曖昧だし、「戦争の『絶対否定』」の主語が沖縄なのか日本なのか世界なのかも曖昧である。それでも、それが一挙には到達できず徐々に(「段階的」に)近づいていくほかない「遠い」ものだというニュアンスは感じとれよう。

一方、「安保廃棄」は到達不可能な理念ではない。日米両国間の条約は政治的決定によって解消できるのであり、現行安保条約第10条の手続きを踏めばよい。「日本の軍事力の解消」はより困難に思えるが、本来憲法9条の定めるところであり、実際に常備軍をもたない国々が存在することからも不可能とは言えない。つまり、「戦争の『絶対否定』」を「統整的理念」とすれば、「安保廃棄」も「日本の軍事力の解消」も、その目標に向かって近づいていくための諸「段階」であり、政治的諸決定なのである。

「段階的改良主義」を否定するなら、安保体制下での地位協定改定、基地返還プログラム、海兵隊撤退などはもとより、「安保廃棄」や「日本の軍事力の解消」すら否定せざるをえなくなる。しかも「段階的改良主義」の否定は、仲里氏が「戦争の『絶対否定』」をカント的意味での「統整的理念」とすることと矛盾しているのである。

軍事要塞化に終止符を　共通目標持つ人々と協力

基地「引き取り」論の射程　仲里効氏に答える(下)

琉球新報　二〇一六年一〇月一九日

仲里氏は筆者が拙著(『沖縄の米軍基地』)で「県外移設をする場合には、可能な限り『合理的』に、『負担平等』の原則に近づけて」沖縄以外の都道府県に引き取るべきだと述べ、橋下徹大阪府知事(当時)が関西国際空港(関空)を普天間基地の移設先として検討したことを「あたかも評価するように取り上げた」として、その「剣呑(けんのん)さ」や「楽観さ」を批判する。

だが前者について言えば、沖縄への基地集中が「本土」全体の責任であることを共有したうえで、引き取りに際しては「本土」の中でも負担の公平に「可能な限り」配慮して移設先を決めるという当然の原則を述べたにすぎない。

では、橋下知事の関空移転発言についてはどうか。筆者は橋下氏の大阪市長、府知事時代、その政治観、政策、発言の数々を強く批判した。関空移転発言も、仲井真沖縄県知事(当時)が視察の意向を表明したとたんに撤回してしまい、どこまで真剣だったかは疑問である。筆者はただ、「沖縄の負担軽減には賛成だが自分の所には持ってくるな」という「本土」自治体がほとんどの中で、「例外」であった事実を記したにすぎない。とはいえ、もしその発言が真剣なものであったら、大阪府知事の提案を無視するのは賢明でない。関空が適切だったかどうかは別として、普天間返還のチャンスになったかもしれないからだ。

沖縄差別の解消

2004年の秋、小泉純一郎首相(当時)が在沖基地の「本土移転」を検討した際の顚末も拙著には記した。小泉首相も、筆者にとっては、イラク戦争支持や自衛隊派兵、靖国神社参拝をめぐって厳しく批判した対象だった。しかし、日本の首相が「沖縄の基地負担軽減のため」として全国自治体に在沖基地の移転受け入れを求めたことの意味は、小泉首相への好悪を別にして考えられねばならない。

筆者の「引き取り」論は、沖縄からの基地撤去、積年の沖縄差別の解消を最優先する。在沖基地の本土移設の提案が有権者の負託を受けた有力政治家からなされたならば、それが橋下知事であれ、小泉首相であれ、鳩山首相であれ、本来の趣旨からの逸脱を警戒しつつ真剣に検討されるべきだと考える。それは、「本土」市民の「引き取り」運動が、安保支持ではあるが沖縄差別の解消を望ましいと考える決して少なくはないだろう人びとを巻き込まなければ、沖縄差別の解消を達成できないと考えるのと同じことである。

仲里氏はこれを称して、「国家と資本のヘゲモニーの内へと連れ込まれていく」と批判するだろうか。では仲里氏は、主権国家と資本主義が揚棄(廃棄)されない限り、沖縄からの基地撤去に反対するのだろうか。国家なき共産主義社会が実現しない限り、沖縄は基地なき島に戻ってはいけないのか。本当にそれが、沖縄の多くの人びとの願いなのか。

基地撤去の構想は？

日本国と米国が存続し、資本主義経済が存続する限り、「安保廃棄」にしても「国家と資本のヘゲモニー」から自由ではありえない。自由でありうると思うのはそれこそ「楽観」が過ぎるだろう。安保条約が解消されたら米軍はどうなるか。多くの変数を考慮しなければならないが、米国の世界戦略と東アジア情勢に対応して「再編」されるだろう。将来もし米軍や自衛隊が解体される日が訪れたとしても、それが「国家と資本」の新たなヘゲモニーにつながらないという保証はどこにもない。「国家と資本」に絶対に利用されない在沖基地撤去の道の構想を仲里氏がお持ちなのであれば、ぜひ教えていただきたい。

米国や日本の軍事力が完全解消される日があるとしても、在沖基地撤去をその日まで待つことはできない。「国家と資本」が廃棄される日がいつの日か来るとしても、在沖基地撤去をその日まで待つことはできない。最優先されるべきは、沖縄への基地集中を解消することであり、沖縄の軍事要塞(ようさい)化に終止符を打つことである。筆者の「基地引き取り」論は、市民の「引き取り」運動と同じく、まずはこの目標の実現に注力する。同じ目標を持つすべての人びとと協力し合っていきたい。

「戦後」語る写真

最後に、一枚の写真について。雑誌『ＤＡＹＳ　ＪＡＰＡＮ』２０１４年７月号には「沖縄の

戦後　日本による『排除』の歴史」を論じる仲里氏の文章が、國吉和夫氏の写真とともに掲載されている。その仲里氏の文章の最後のページの中央には、「日本人よ！　今こそ、沖縄の基地を引き取れ」と大書した横断幕を前面に写した写真が置かれている。キャプションは「菅直人元首相の来沖に抗議する人々。沖縄には米軍基地の75％が集中する。那覇市。２０１１年」。

　この写真は前掲拙著にも使わせていただいたが、横断幕もアピール文自体も「カマドゥー小たちの集い」が作成して使用したものと聞いている。雑誌の目次の「沖縄の戦後」の章題には、本文中で使われている國吉氏の写真数枚の中からこの写真だけが抜き出して使われている。だが仲里氏の文章では、沖縄からの「県外移設」要求については一言も触れられていない。

　仲里氏の文章を読む人は、この写真に写る「基地引き取り」要求を「沖縄の戦後」を象徴するものとして、少なくともその一コマとして受け取るだろう。ところが驚くべきことに、仲里氏は今回、知念ウシ氏への応答のなかで、カマドゥー小など沖縄の女性たちの「基地引き取り」要求を、「能動化されたモラル ニヒリズム」、「凌辱された女性たちを2度凌辱するもの」とまで言って批判した。写真の構成は國吉氏によるのかもしれないが、映像批評家の仲里氏にとってもおろそかにはできないはずだ。なぜ仲里氏は、自らが最大級の否定辞をもって批判する運動の写真を、「沖縄の戦後」を語る文章の中心に置くことができるのか。不可解である。

以上には、拙著『沖縄の米軍基地　「県外移設」を考える』の出版（二〇一五年六月）をきっかけに沖縄の新聞二紙上で起きた基地引き取りをめぐる論争において、私が発表した論考を収めた。以下に、この論争に直接かかわる論考と記事を掲載順に掲げる。

「県外移設」という問い①　琉球新報　二〇一五年八月二〇日
松本亜季「まず沖縄差別解消を　日米安保、身近に考える」
「県外移設」という問い②　琉球新報　二〇一五年八月二一日
金城馨『基地集中』で分断　引き取りで対等な関係に」
「県外移設」という問い③　高橋哲哉「沖縄の米軍基地」を読んで（上）　琉球新報　二〇一五年八月二五日
髙良沙哉「自らの責任を直視　植民地終わらせる好機」
「県外移設」という問い④　高橋哲哉「沖縄の米軍基地」を読んで（下）　琉球新報　二〇一五年八月二六日
ましこひでのり『千倍濃縮』の基地集中　問われる『安全とは何か』」
「県外移設」という問い⑤　県内識者に聞く　琉球新報　二〇一五年九月八日
「日本の矛盾を提起　思想と運動の観点から」（米倉外昭）
「沖縄の米軍基地」を読む①　沖縄タイムス　二〇一五年一〇月一日
知念ウシ「ヤマトゥに基地引き取りを　沖縄への甘えもう許されぬ」

「沖縄の米軍基地」を読む② 沖縄タイムス 二〇一五年一〇月二日
西脇尚人「安保の是非 全国で議論を 本土の『反戦平和』独善的」

「沖縄の米軍基地」を読む③ 沖縄タイムス 二〇一五年一〇月五日
呉世宗「基地撤去要求を度外視 安保不支持に沈黙強いる」

「沖縄の米軍基地」を読む④ 沖縄タイムス 二〇一五年一〇月六日
玉城福子「沖縄と本土 対等な連帯に 県外移設論 内実深めたい」

今こそ「県外移設」を 新基地阻止への道筋として(上)琉球新報 二〇一五年一一月二日
高橋哲哉「沖縄の要求に呼応 沈黙する『本土』に風穴」

今こそ「県外移設」を 新基地阻止への道筋として(下) 琉球新報 二〇一五年一一月三日
高橋哲哉「安保解消と矛盾せず 問われる『本土』有権者」

「『沖縄の米軍基地』を読む」への応答(上) 沖縄タイムス 二〇一五年一一月二四日
高橋哲哉「基地引き取り提起可能 安保支持なら正面議論を」

「『沖縄の米軍基地』を読む」への応答(中) 沖縄タイムス 二〇一五年一一月二五日
高橋哲哉「基地引き取りで安保問う 日本人が負う政治的責任」

「『沖縄の米軍基地』を読む」への応答(下) 沖縄タイムス 二〇一五年一一月二六日
高橋哲哉「沖縄から まずは撤去を 問題解決 本土の責任で」

沖縄戦後思想史から問う「県外移設」論㊤　琉球新報　二〇一六年一月二〇日
仲里効「死者の声を聴くこと　二重の植民地主義を内破」

沖縄戦後思想史から問う「県外移設」論㊥　琉球新報　二〇一六年一月二一日
仲里効「『包摂的排除』の狡知　疎外される主観的意図」

沖縄戦後思想史から問う「県外移設」論㊦　琉球新報　二〇一六年一月二二日
仲里効「戦争の『絶対否定』を　『負担平等』の罠に陥るな」

「高橋哲哉氏への応答―県外移設を考える」㊤　沖縄タイムス　二〇一六年三月一五日
西脇尚人「道徳的な『反戦平和』へ　主観的原理から客観へ刷新」

「高橋哲哉氏への応答―県外移設を考える」㊥　沖縄タイムス　二〇一六年三月一六日
西脇尚人「『本土の沖縄化』のエゴ　堂々巡り　基地引き取り論」

「高橋哲哉氏への応答―県外移設を考える」㊦　沖縄タイムス　二〇一六年三月一七日
西脇尚人「応分の負担　本土の詐術　『日本』主体で基地議論を」

琉球・沖縄史から見た「県外移設」論㊤　琉球新報　二〇一六年四月二六日
伊佐眞一「近似的文化が影響　直截に批判できない弱さ」

琉球・沖縄史から見た「県外移設」論㊥　琉球新報　二〇一六年四月二七日

伊佐眞一「基地集中は国家意思　一方的に圧迫、屈従強いる」
琉球・沖縄史から見た「県外移設」論㊦　琉球新報　二〇一六年四月二八日

伊佐眞一「思念凝縮した要求　自己変革踏み出す沖縄人」
「県外移設」の思想とは　仲里効氏の批判への応答（上）　琉球新報　二〇一六年五月一八日

知念ウシ「日本人自ら解決を　植民地主義やめること」
「県外移設」の思想とは　仲里効氏の批判への応答（中）　琉球新報　二〇一六年五月一九日

知念ウシ「『本土』こそ当事者　誰が『押し付ける』権力か」
「県外移設」の思想とは　仲里効氏の批判への応答（下）　琉球新報　二〇一六年五月二〇日

知念ウシ「捨て石を拒否する　未来思う女性たちの声」
再論・沖縄戦後思想史から問う「県外移設」論（上）　琉球新報　二〇一六年六月二日

仲里効「〈代行〉の構図設営　言説の『一望監視』装置化」
再論・沖縄戦後思想史から問う「県外移設」論（中）　琉球新報　二〇一六年六月三日

仲里効「安保を逆説的に補強　『痛み』は移設、配分できない」
再論・沖縄戦後思想史から問う「県外移設」論（下）　琉球新報　二〇一六年六月四日

仲里効「修辞的運動を越えて　脱植民地化の力を内燃に」

脱植民地主義と「県外移設」論㊤　琉球新報　二〇一六年九月一四日

知念ウシ「ジェンダー　女を用い女を批判　誰が『死者を身ごもる』のか」

脱植民地主義と「県外移設」論㊥　琉球新報　二〇一六年九月一五日

知念ウシ「『本土の人たちと同程度』犠牲前提の優位論　『国民の責任可能性』問わず」

脱植民地主義と「県外移設」論㊦　琉球新報　二〇一六年九月一六日

知念ウシ「〈誰の利益になるのか〉問い直し『意識化』を　植民者側の代行やめよう」

基地「引き取り」論の射程　仲里効氏に答える（上）　琉球新報　二〇一六年一〇月一七日

高橋哲哉「沖縄差別の解消優先　安保体制を問う突破口に」

基地「引き取り」論の射程　仲里効氏に答える（中）　琉球新報　二〇一六年一〇月一八日

高橋哲哉「思想本来の責任とは　戦争『絶対否定』への漸近」

基地「引き取り」論の射程　仲里効氏に答える（下）　琉球新報　二〇一六年一〇月一九日

高橋哲哉「軍事要塞化に終止符を　共通目標持つ人々と協力」

「県外移設」論争を読んで　もう一つの変革エネルギー　琉球新報　二〇一六年一一月三〇日

八重洋一郎「沖縄の要求に応答　徹底的抵抗への追い風」

沖縄戦後思想と実践の射程　高橋哲哉氏に答える（上）　琉球新報　二〇一七年三月二〇日

仲里効「生活思想から見抜く抑圧　複数国家による共犯」

沖縄戦後思想と実践の射程　高橋哲哉氏に答える（中）　琉球新報　二〇一七年三月二一日
仲里効「敗北の構造を内視　『全体責任』は無責任体制に」

沖縄戦後思想と実践の射程　高橋哲哉氏に答える（下）　琉球新報　二〇一七年三月二二日
仲里効「国民主義に還元せず　政治経験の掘り起こしを」

おわりに

戦後日本を「平和国家」と称することにリアリティを感じられなくなるとともに、日米安保体制を「日米同盟」と称しても何ら問題とされなくなってから久しい。

なるほど憲法九条は、一字一句変わってはいない。日本を「平和国家」たらしめようとしてそれを「護」ってきた人びとの努力を、私は忘れない。

だが、戦後「護憲」の現実は、初めから致命的な限界を抱えていたのも事実だ。帝国憲法期の天皇制に代わり日米安保体制――今日に言う「日米同盟」――が、憲法をも超越する「国体」として君臨してきたからである。憲法の「平和主義」は、国土を基地として提供して米軍の戦争を支え、その「核の傘」に守られることを利益とするこの体制を、ついに変えることができずにここまで来てしまった。そして近年の世論調査は、圧倒的多数の国民が、「日米同盟」は日本の「平和と安全に役立ってきた」と考えているらしいことを示している。

この戦後日本の「平和と安全」によって、つねに犠牲とされてきたのが沖縄である。これも初めからそうであった。日本国憲法施行後、二人の決定的な人物が発した言葉を何度でも想起する必要がある。まずは、昭和天皇の顧問、寺崎英成がシーボルトを介してマッカーサー元帥に伝えた「天皇メッセージ」（一九四七年九月）。

寺崎氏は、米国が沖縄およびその他の琉球諸島の軍事占領を継続するよう天皇が希望している、と言明した。天皇の意見では、そのような占領は米国の利益になり、また日本を守ることにもなる［この後、米軍の沖縄占領期間は「二五年ないし五〇年ないしそれ以上」と言及される］。

その約半年後、日本再軍備を求める米国政府高官に対して、憲法九条を支持するマッカーサーが答えた言葉。

沖縄に十分な空軍力を常駐させておけば、日本を外部勢力から守ることができる。［中略］沖縄を適切に開発し、沖縄に軍隊を駐屯させることで、われわれは日本本土には軍隊を維持する必要なしに、外部侵略に対して日本の安全を確保することができる。

（明田川融『沖縄基地問題の歴史』みすず書房、一一一頁）

これは沖縄から見れば、自分たちを「本土防衛」の「捨て石」とした沖縄戦の地政学が戦後も続くことを意味しただろう。そして今、「南西シフト」と称して自衛隊が琉球諸島全体に進出し、「ミサイル戦争」を想定した沖縄・琉球諸島の軍事要塞化が急速に進められている。現実に、沖縄を再び「捨て石」とする日米一体の軍事作戦が準備されているのである。

この不穏な動きに対して、石垣島の詩人は、百数十年の時を超えて琉球併合期の言葉「日毒」を呼び戻し、今また「強いリアリティ」をもって迫ってくるこの言葉を「いかにして昇天させるか」が、「我々の重い課題」だと記した(八重洋一郎詩集『日毒』)。私もその一人である「日本人」は、「日本人」の側で、この「日毒」の歴史に終止符を打つことが求められているのである。

私の議論の主旨は、基本的にはシンプルである。沖縄への軍事基地の押しつけを続けることは許されない。日本が当面、日米安保体制を維持するのであれば、沖縄の基地は「本土」に引き取るべきである。もし「本土」のどこにも引き取れないのであれば、沖縄の基地は全国どこにも置き場がないものなので、撤去すべきであり、それでも日米安保体制を維持するのかどうか、根本から議論し直すべきである。そしていずれの場合も、日本国民の政治的意志が日本政府の米国とのタフな交渉を支え、目標の実現を図るべきである。

本書に収めた「論争」を通して、拙論の主旨がより明確になり、多くの読者に伝わることを願っている。

本書はもともと、琉球新報紙上の論争が一応の終息を見た頃に構想され、二〇一八年のうちにも上梓したいと考えていたものである。ところが、ちょうどその頃から大学の仕事で多忙を極めるようになり、年末年始とお盆休みぐらいしか執筆時間が取れない時期が三年ほど続いた。その結果、だいぶ遅れてしまったが、ようやくここに、江湖に送り出す形を整えることができた。これもひとえに、構想段階から粘り強くお付き合いくださり、編集の労をとってくださった朝日新聞出版の松尾信吾氏のおかげである。特記して謝意を表したい。また、初出論考の際にお世話になった方々、前著に続き貴重な写真の使用を許してくださった写真家、國吉和夫氏にも感謝を申し上げる。

二〇二一年六月一六日

高橋哲哉

高橋哲哉　たかはし・てつや

1956年、福島県生まれ。哲学者。東京大学名誉教授。
著書に『記憶のエチカ』『デリダ』『戦後責任論』『歴史／修正主義』『靖国問題』『犠牲のシステム　福島・沖縄』『沖縄の米軍基地　「県外移設」を考える』ほか多数。近著に徐京植との共著『責任について　日本を問う二〇年の対話』等がある。

装幀　水野哲也（Watermark）

日米安保と沖縄基地論争（にちべいあんぽとおきなわきちろんそう）
〈犠牲のシステム〉を問う

2021年7月30日　第1刷発行

著　者　高橋哲哉
発行者　三宮博信
発行所　朝日新聞出版
〒一〇四－八〇一一　東京都中央区築地五－三－二
電話　〇三－五五四一－八八三二（編集）
　　　〇三－五五四〇－七七九三（販売）

印刷製本　広研印刷株式会社

ISBN978-4-02-251783-8
定価はカバーに表示してあります。